《采油工安全生产标准化操作丛书》
编 委 会

主　　　任：吴　奇

副　主　任：黄　革　　郑新权　　万　军

执行副主任：王渝明　　张守良　　郝庆华

　　　　　　　王子云　　张　超　　赵捍军

委员：姜宝山　　王　林　　于胜泓　　章卫兵　　董洪亮

　　　　王松波　　吴景刚　　全海涛　　李亚鹏　　范　猛

　　　　王玉琢　　杨　东　　吴成龙　　张万福　　杨海波

　　　　周　燕　　侯继波　　柴方源　　祝汉强　　肖长军

　　　　赵　伟　　卢盛红　　朱继红　　宋伟光　　尹前进

　　　　王海波　　袁　月　　王鹏飞　　张　利　　邓　钢

　　　　吴文君　　高　媛

《电动潜油泵井标准化操作1 启动、停止电动潜油泵操作》编委会

主　编：吴　奇

副主编：梁　猛　孙令义　王海波

委　员：郑焕军　张学斌　饶·华

　　　　张志宇　任立新　姚立冬

　　　　李欣宇　公　杰　王梓任

　　　　谷　月　王　妍

采油工安全生产标准化操作丛书

中国石油人事部
中国石油勘探与生产分公司 编

电动潜油泵井标准化操作 1

启动、停止电动潜油泵操作

石油工业出版社

图书在版编目（CIP）数据

电动潜油泵井标准化操作 / 中国石油人事部，中国石油勘探与生产分公司编 . —北京：石油工业出版社，2018.11

（采油工安全生产标准化操作丛书）

ISBN 978-7-5183-3019-5

Ⅰ . ①电… Ⅱ . ①中… ②中… Ⅲ . ①电动潜油泵 - 技术操作规程 Ⅳ . ① TE933-65

中国版本图书馆 CIP 数据核字（2018）第 256866 号

出版发行：	石油工业出版社
	（北京安定门外安华里 2 区 1 号楼 100011）
	网　　址：www.petropub.com
	编辑部：（010）64523712
	图书营销中心：（010）64523633
经　　销：	全国新华书店
印　　刷：	北京中石油彩色印刷有限责任公司

2018 年 11 月第 1 版　2018 年 11 月第 1 次印刷
880×1230 毫米　开本：1/64　印张：8.8125
字数：88 千字

定价：135.00 元（全 9 册）
（如出现印装质量问题，我社图书营销中心负责调换）
版权所有，翻印必究

开发单位

中国石油天然气股份有限公司勘探与生产分公司

大庆油田有限责任公司人事部(党委组织部)

大庆油田有限责任公司开发部

大庆油田有限责任公司质量安全环保部

大庆油田有限责任公司第二采油厂

大庆油田有限责任公司第四采油厂

大庆油田有限责任公司第六采油厂

大庆油田有限责任公司文化集团

大庆油田有限责任公司人才开发院

大庆油田有限责任公司大庆医学高等专科学校

合作单位

长庆油田分公司

辽河油田分公司

新疆油田分公司

大港油田分公司

华北油田分公司

石油工业出版社

FOREWORD 序

"求木之长者,必固其根本;欲流之远者,必浚其泉源。"2017年,党中央、国务院印发了《新时期产业工人队伍建设改革方案》,明确指出,产业工人是工人阶级中发挥支撑作用的主体力量,是创造社会财富的中坚力量,是创新驱动发展的骨干力量,是实施制造强国战略的有生力量。同时提出,要造就一支有理想守信念、懂技术会创新、敢担当讲奉献的宏大的产业工人队伍。这充分体现了党和国家对产业工人队伍建设的关心支持。

中国石油牢固树立以人为本、质量至上、安全第一、环保优先的理念,坚持施行标准化操作作为保证安全生产、深化精细管理、实现

企业内涵发展的重要支撑。中国石油将提升员工技能水平作为抓好产业工人队伍建设的主攻方向,把标准化操作固化成基层单位和干部职工尤其是新员工的行为准则和工作标准,牢固树立"上标准岗、干标准活"的工作意识和理念,形成人人讲安全、人人会安全、人人都安全的良好局面。

守正笃实,久久为功。提升员工技能操作水平是一项长期而艰巨的任务,完善标准是基础,加强领导是保障,优化执行是根本。这需要大家积极推广标准化操作工作,不断加强和改进操作流程与标准,不断规范与完善标准化操作,引导广大员工全面提升对标准化操作的认知度,全面提升标准化操作执行力,规范本质化安全行为,推进各项工作上水平。

中国石油人事部和中国石油勘探与生产分公司共同组织编写的《采油工安全生产标准化

操作丛书》及配套的视频课件，包含中国石油各油气田单位通用性的140个基本操作，具有开发标准高、内容全面、注重安全风险、应用范围广、培训效果突出等方面优点。相对应的视频课件利用三维动画技术，通过分解、剖切等方式展示常规不可见的设备内部结构，让员工学习起来更加直观，是一套"看得懂、学得会、易掌握"的实用教材，真正做到了将"技术有形化"，填补了中国石油安全生产操作培训课件方面的空白，为进一步提升操作员工整体素质提供有力支撑。

目前，跨国公司员工培训已经进入了"互联网+培训"的员工混合式培训阶段，以多终端应用设备为载体，展现多种资源，结合线下培训和社区化学习模式，以网络化应用进行培训评估，实现可规划路径的人才发展优化培训。这套丛书从生产实际出发，以满足需求为导向，

以促进员工养成标准化操作习惯为目标,实践性和针对性都很强。同时,大批专家的参与写作使教材的权威性有了保证。丛书配套的视频课件可以满足石油员工远程移动学习,也可以满足员工单机高清自学和集中学习。这样就形成了三位一体的员工培训模式,逐步迈入员工混合式培训阶段。希望这套丛书的出版发行,能为促进中国石油员工培训工作的深入开展,为促进员工操作技能水平的不断提升,为推动油气主业高质量发展,为实现中国石油建成世界一流综合性国际能源公司作出积极贡献。

中国石油天然气集团有限公司
总经理助理、人事部总经理　刘志华

PREFACE 前言

采油工是油田企业主体关键工种之一,在中国石油操作类员工中占比较大,采油工技能水平的高低,对油田的安全平稳生产起到至关重要的作用。为进一步提高采油工的基本素质和业务技能水平,中国石油人事部和中国石油勘探与生产分公司于2016年联合启动了采油工安全生产标准化操作视频培训课件开发项目,成立了课件编委会,委托大庆油田公司负责课件具体编制工作,并确定长庆、辽河、新疆、大港、华北5家油田公司和石油工业出版社,共同配合大庆油田做好视频培训课件编制工作。

课件开发过程中,大庆油田高度重视,按照"实际、实用、实效"的原则,专门成立了

课件开发工作领导组,组织公司人事部、开发部、安全环保部、第二采油厂、第四采油厂等9个部门和二级单位共同参与,共计抽调了100余名专家参与项目的研发设计。勘探与生产分公司加强过程监督和质量把控,针对开发方案、课件脚本、制作标准、课件样片等内容,按照不同工作节点先后组织三次大的集中审核会议,邀请中国石油各油田行业专家建言献策,为提高课件的通用性和实用性奠定坚实基础。大庆油田按照总体工作要求,历时两年,完成了视频培训课件的编制任务,并同步完成《采油工安全生产标准化操作丛书》的编写工作。本套丛书紧贴油田生产实际,以采油工岗位职责为依据,包含《安全防护用具使用》《工具、用具、量具使用》《采油工艺简介》《抽油机井标准化操作》《电动潜油泵井标准化操作》《电动螺杆泵井标准化操作》《注水井标准化操作》

《计量间标准化操作》《抽油机井生产故障分析与处理》《电动潜油泵井生产故障分析与处理》《电动螺杆泵井生产故障分析与处理》《注水井生产故障分析与处理》《计量间生产故障分析与处理》《现场应急救护》,共14种140个分册。本套丛书具有突出的实用性和规范性特点,可广泛用于新员工岗前培训、日常岗位练兵、鉴定考前培训、师徒帮带、技能竞赛等学习培训活动。

希望本套丛书能够为各石油企业提供借鉴,为今后采油工岗位培训的扎实有效开展提供有力保障。由于各油田在采油工艺、设备等方面存在差异性,书中难免有不足之处,敬请读者批评指正。

编者
2018 年 8 月

Contents 目录

项目说明 1

参考标准 2

启动电动潜油泵操作流程 3

启机、停机所需工用具 11

启动电动潜油泵操作步骤 21

停止电动潜油泵操作流程 43

停止电动潜油泵操作步骤 48

安全风险提示 54

试题 59

试题参考答案 61

项目说明

电动潜油泵井在生产过程中，遇到电力检修、测静压等计划停井及地面设备损坏、回油管线穿孔等各类生产问题时，必须进行停止电动潜油泵操作，并在恢复生产时，进行启动电动潜油泵操作。

参考标准

Q/SY DQ0804—2013《采油岗位操作程序及要求》

启动电动潜油泵操作流程

1. 准备工作

启动、停止电动潜油泵操作

2. 检查流程

3. 测量机组绝缘

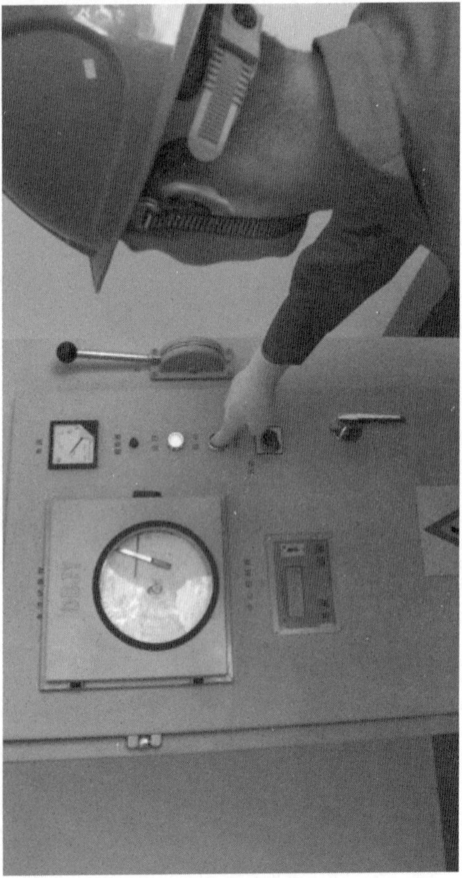

启动、停止电动潜油泵操作

4. 启机操作

启动电动潜油泵操作流程

5. 观察运行状态

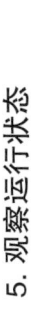

启动、停止电动潜油泵操作

6. 记录生产数据

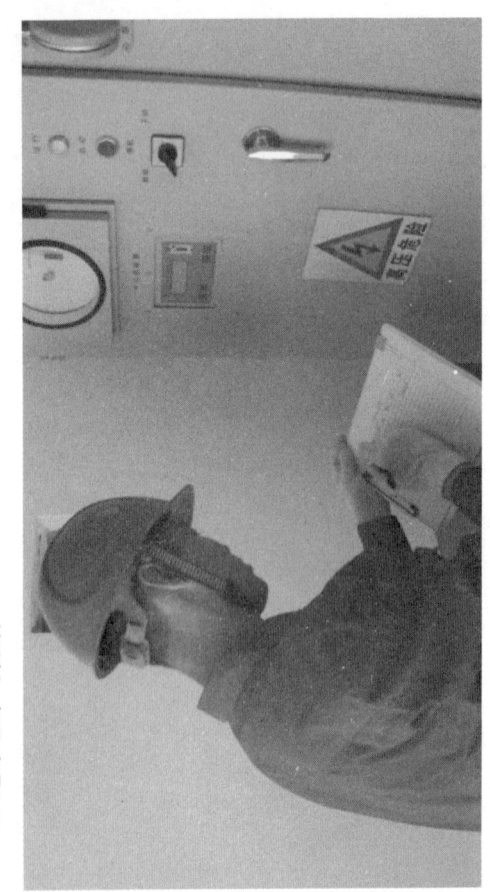

启动电动潜油泵操作流程

7. 清理现场

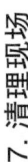

启动、停止电动潜油泵操作

操作由 1 名采油工、2 名专业电工配合完成，操作前正确穿戴好劳动保护用品。

启机、停机所需工用具

(1) 2500V 兆欧表 1 块。

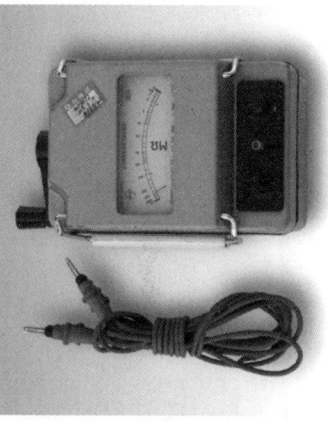

启动、停止电动潜油泵操作

(2)万用表1块。

启机、停机所需工用具

(3) 200mm×24mm 活扳手 1 把。

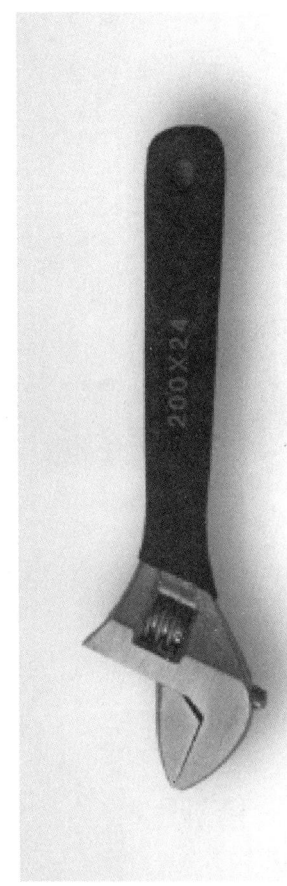

启动、停止电动潜油泵操作

（4）井口组合扳手 1 把。

启机、停机所需工用具

(5) 电流卡片 1 张。

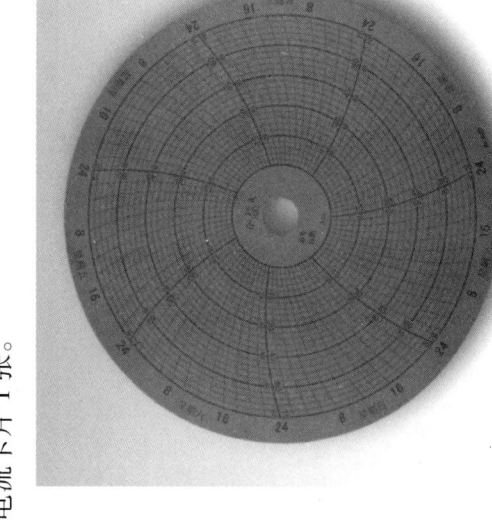

启动、停止电动潜油泵操作

（6）高压绝缘手套 1 副。

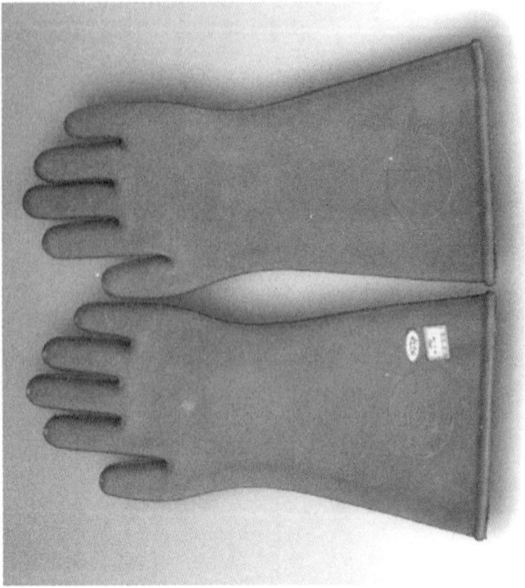

启机、停机所需工用具

(7) 高压验电器 1 支。

启动、停止电动潜油泵操作

(8)"禁止合闸"警示牌 1 块。

启机、停机所需工用具

(9) 记录本、记录笔。

启动、停止电动潜油泵操作

(10) 擦布若干。

启动电动潜油泵操作步骤

（1）启泵前检查，计量间该井进汇管阀门必须开启；井口总阀门、生产阀门、回油阀门、掺水阀门均处于开启状态，防止出现憋压现象。

计量间该井进汇管阀门必须开启

启动、停止电动潜油泵操作

(2) 井口设备部件及仪表齐全、完好,无刺漏现象。

启动、停止电动潜油泵操作

（3）由专业电工戴好高压绝缘手套，用高压验电器对接线盒箱体进行验电，确认接线盒箱体无电。

启动电动潜油泵操作步骤

启动、停止电动潜油泵操作

(4)由专业电工打开接线盒,用高压验电器依次对接线盒内3根接线端进行验电,确认无电后,用活扳手拧松3根接线柱紧固螺丝,断开3根导线。

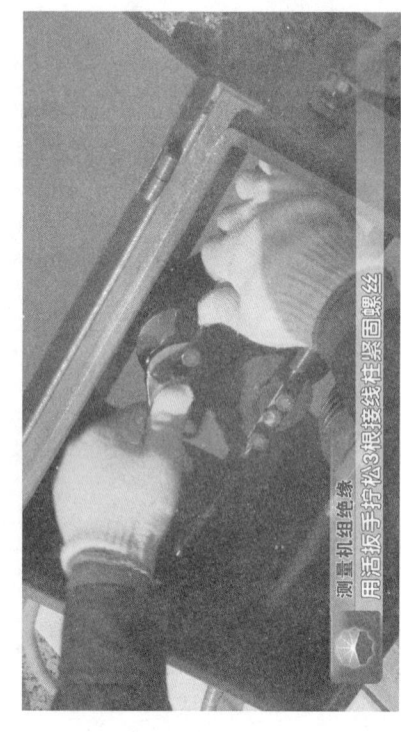

(5)由专业电工用万用表测量井下机组相间直流电阻,相间直流电阻应三相平衡。

测量机组绝缘
相间直流电阻应三相平衡

启动、停止电动潜油泵操作

（6）由专业电工用 2500V 兆欧表测量井下机组对地绝缘，测量完成后，将被测电缆对地放电。

（7）由专业电工连接三相电缆，要求接线整齐、紧固。

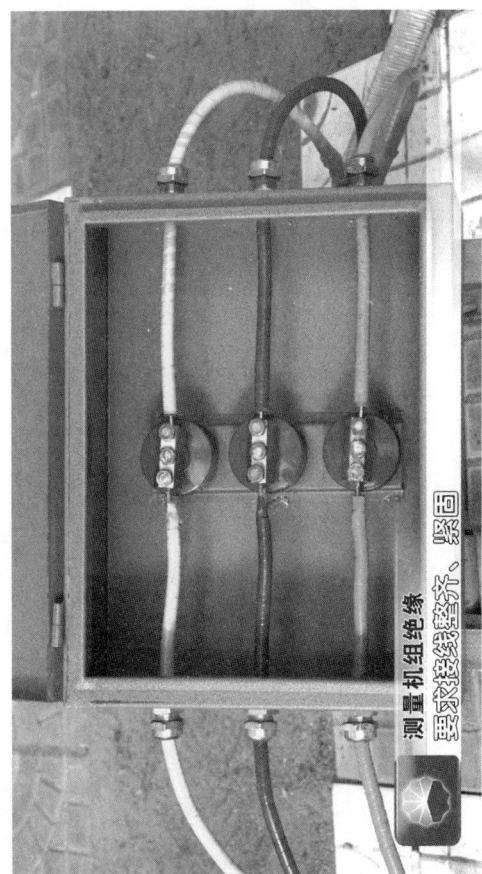

(8)检查井口、接线盒、控制柜处接地线,线径须在25mm²以上,接线牢固,无破损。

启动电动潜油泵操作步骤

（9）站在控制柜前绝缘垫上，戴好高压绝缘手套，用高压验电器对控制柜体进行验电，确认控制柜箱体无电。

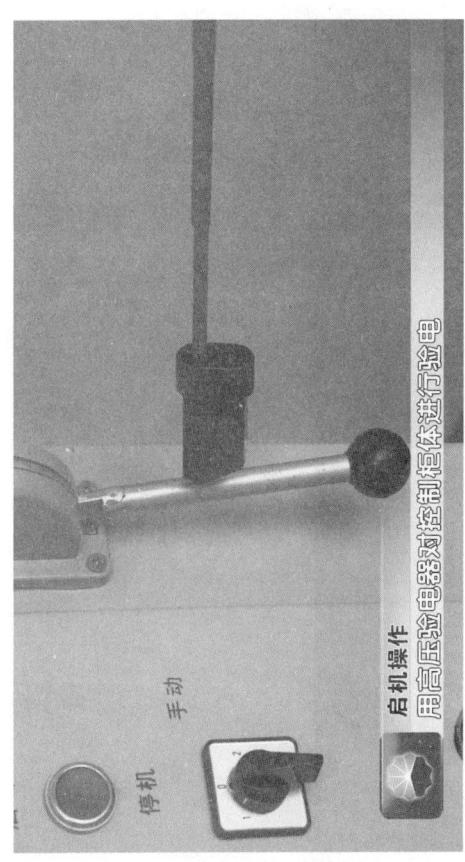

启动、停止电动潜油泵操作

(10) 检查控制柜配件应齐全,外观应完好无损坏。

(11) 安装电流卡片。

启动、停止电动潜油泵操作

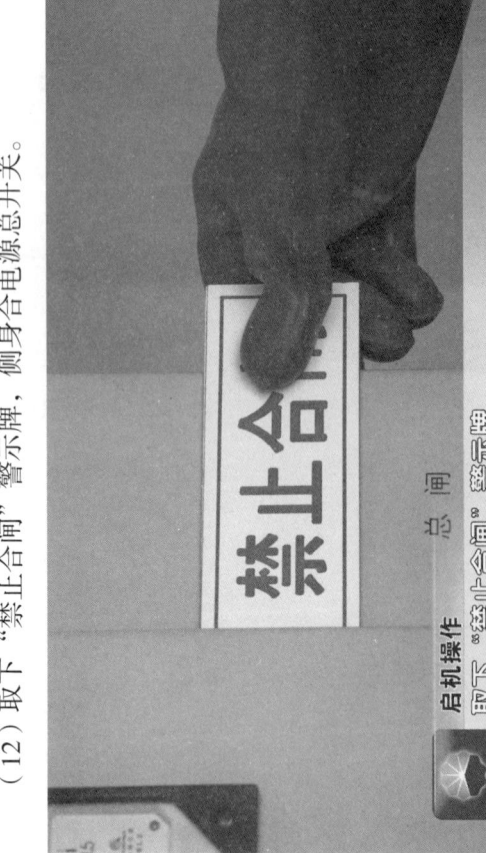

（12）取下"禁止合闸"警示牌，侧身合电源总开关。

启动电动潜油泵操作步骤

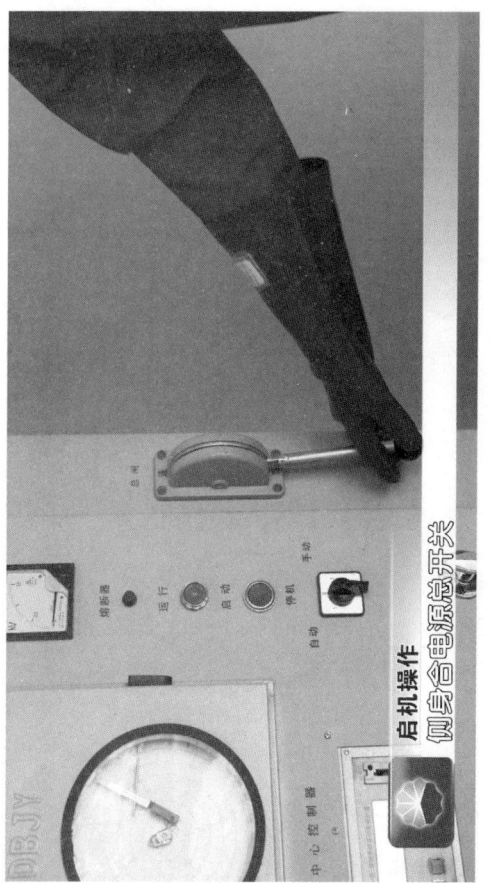

启动、停止电动潜油泵操作

(13) 检查工作电压应在合理范围内。

启动电动潜油泵操作步骤

(14) 将控制柜转换开关调至手动位置。

观察运行状态
将控制柜转换开关调至手动位置

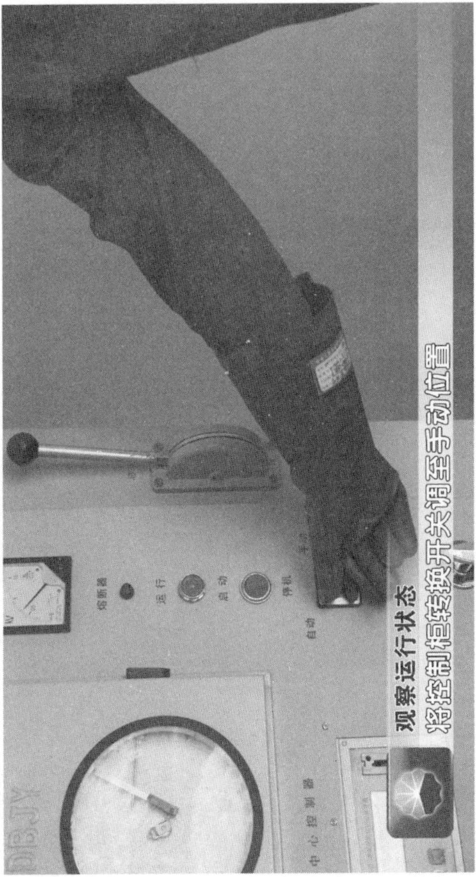

启动、停止电动潜油泵操作

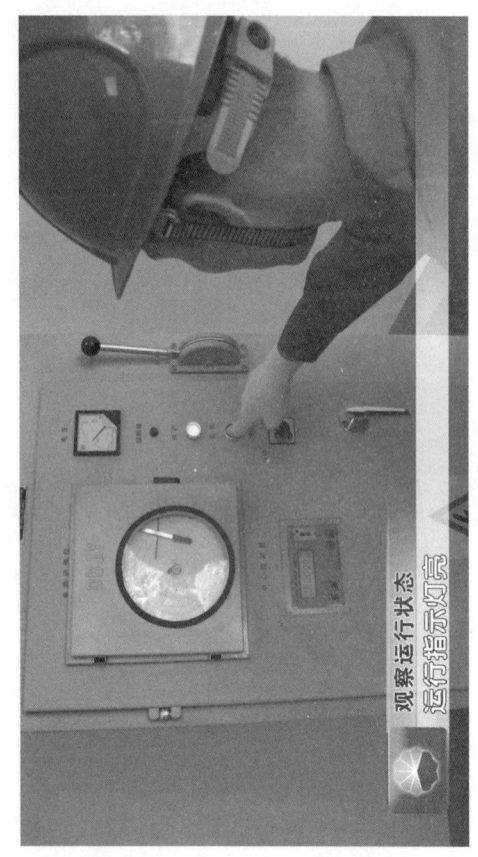

（15）按启动按钮，运行指示灯亮，中心控制器显示三相电流，与正常运行电流对比应无异常。

(16) 检查过、欠载电流保护值设定应合理。

启动、停止电动潜油泵操作

(17) 启泵后到井口观察油压、回压、套压。

(18) 待生产稳定后，记录油压、回压、套压与三相运行电流。

启动、停止电动潜油泵操作

(19) 收拾工具,清理现场。

停止电动潜油泵操作流程

(1) 准备工作。

启动、停止电动潜油泵操作

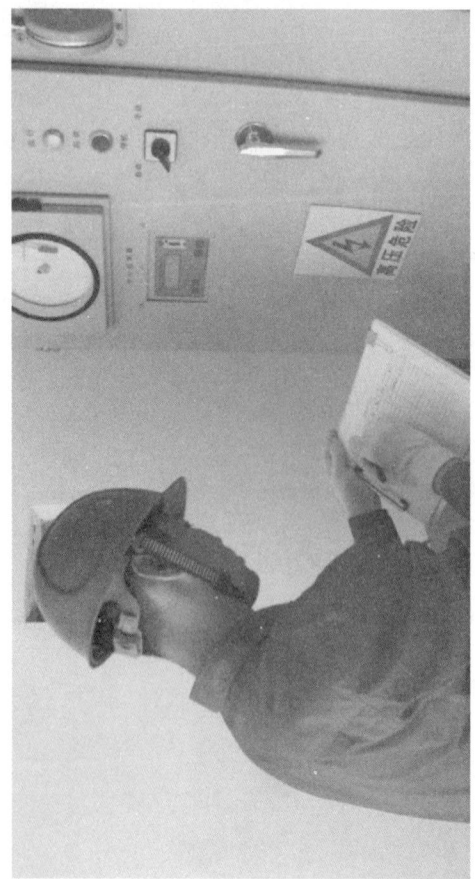

(2) 检查、记录。

停止电动潜油泵操作流程

(3) 停机操作。

(4) 清理现场。

停止电动潜油泵操作流程

操作由1名采油工完成，操作前正确穿戴好劳动保护用品。

准备工作

操作由1名采油工完成

停止电动潜油泵操作步骤

（1）站在控制柜前绝缘垫上，戴好高压绝缘手套，用高压验电器对控制柜体进行验电，确认控制柜箱体无电。

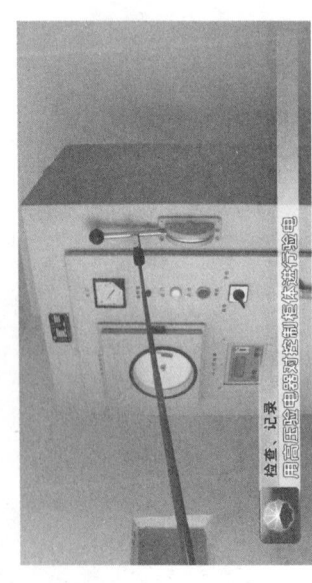

(2)记录停泵前生产数据,包括三相运行电流、油压、回压、套压、停机时间、停机原因。

电泵井启停机记录表

井号	运行电流(A)	油压(MPa)	回压(MPa)	套压(MPa)	启停时间	启停原因
7-9P236	22.5/24.5/25	0.9	0.6	1.1	2017.9.7 10:00AM	躺路检修

检查、记录
停机原因

启动、停止电动潜油泵操作

(3) 将转换开关切换至停止位置。

停机操作
将转换开关切换至停止位置

停止电动潜油泵操作步骤

(4) 确认停机,即在记录仪指针归零后,侧身断开电源总开关。

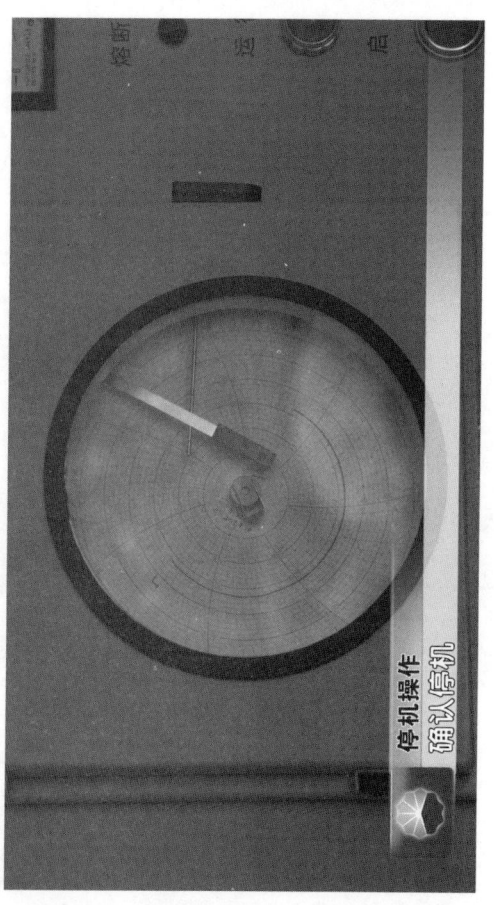

启动、停止电动潜油泵操作

(5) 在控制柜上，挂"禁止合闸"警示牌。

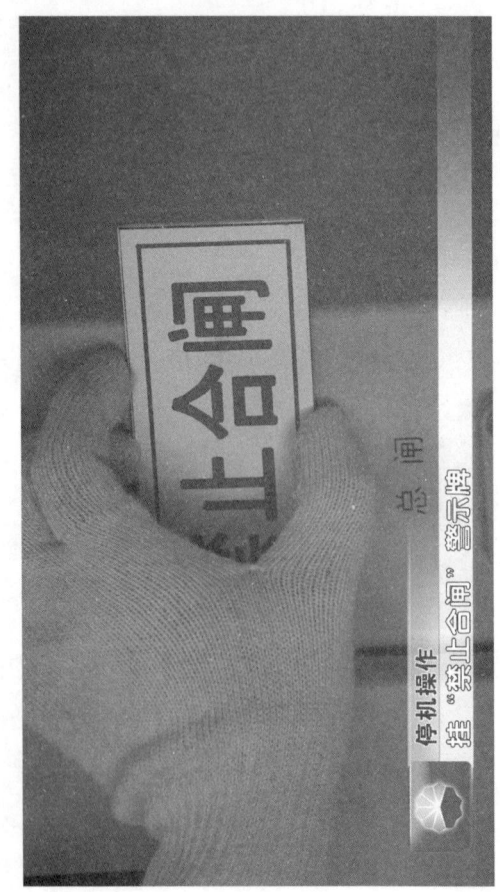

(6) 收拾工具,清理现场。

安全风险提示

(1) 过载停机后,禁止直接启动电动潜油泵,必须由专业电工测量机组绝缘后启动。

(2) 在控制柜前操作时,必须站在绝缘垫上。

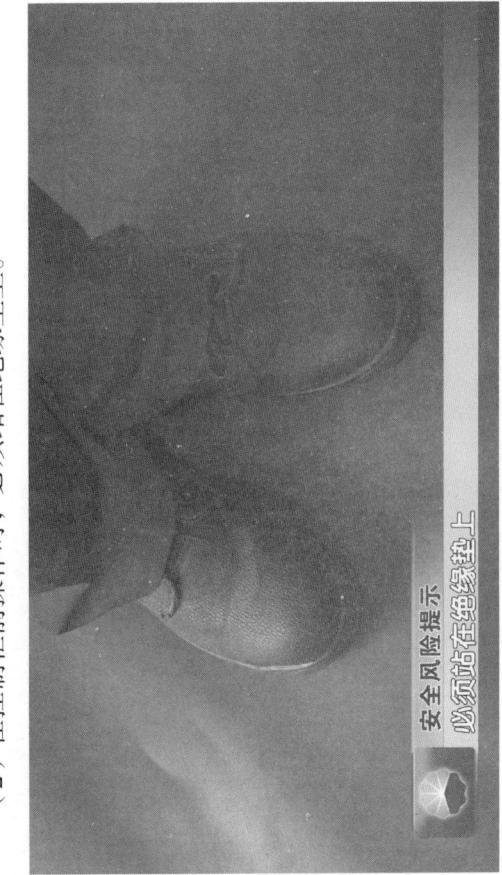

启动、停止电动潜油泵操作

(3)操作控制柜前,必须戴高压绝缘手套对控制柜箱体进行验电并确认无电,防止发生触电事故,造成人身伤害。

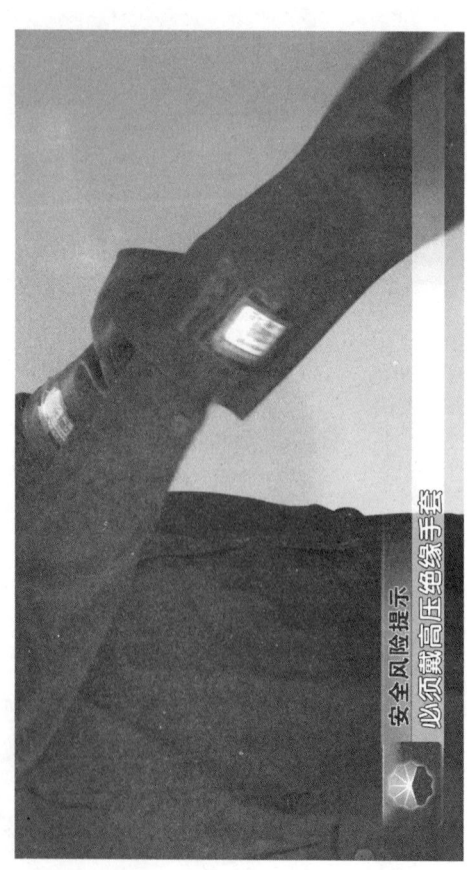

安全风险提示
必须戴高压绝缘手套

(4) 高压验电器须检验合格,高压绝缘手套须在有效期内。

启动、停止电动潜油泵操作

试 题

一、选择题（不限单选）

1. 测量电动潜油泵井下机组对地绝缘电阻时，一般应用（　　）。

A. 250V 兆欧表　　B. 500V 兆欧表

C. 1000V 兆欧表　　D. 2500V 兆欧表

2. 电动潜油泵井接地线线径须在（　　）mm² 以上，且接线牢固、无破损。

A. 5　　　　　　B. 10

C. 20　　　　　 D. 25

3. 对电动潜油泵控制柜体应用（　）进行验电。

A. 测电笔　　　　B. 高压验电器

C. 万用表　　　　D. 兆欧表

4. 启动电动潜油泵时，待生产稳定后，需记录的生产数据有（　　）。

A. 油压　　　　　　B. 回压

C. 套压　　　　　　D. 三相运行电流

5. 停止电动潜油泵前,需记录的生产数据有(　　)。

A. 油压　　　　　　B. 回压

C. 套压　　　　　　D. 三相运行电流

二、判断题

1. 启动、停止电动潜油泵前必须对控制柜体进行验电操作。(　　)

2. 启动电动潜油泵时,一般将控制柜转换开关调至手动位置。(　　)

3. 过载停机后,可直接启动电动潜油泵。(　　)

4. 相间直流电阻必须平衡方可启动电动潜油泵。(　　)

5. 停止电动潜油泵操作时,确认停机后,应断开电源总开关。(　　)

试题参考答案

一、选择题

题号	1	2	3	4	5
答案	D	D	B	ABCD	ABCD

二、判断题

题号	1	2	3	4	5
答案	√	√	×	√	√

《电动潜油泵井标准化操作》

分册序号	分册书名
1	启动、停止电动潜油泵操作
2	电动潜油泵井巡回检查操作
3	电动潜油泵井油嘴调节操作
4	电动潜油泵井机械清蜡操作
5	电动潜油泵井更换电流卡片操作
6	检查并调整电动潜油泵井过、欠载电流保护值操作
7	电动潜油泵井井口热洗操作
8	电动潜油泵井更换压力表操作
9	电动潜油泵井投产操作

采油工安全生产标准化操作丛书

中国石油人事部
中国石油勘探与生产分公司 编

电动潜油泵井标准化操作 2

电动潜油泵井巡回检查操作

石油工业出版社

图书在版编目（CIP）数据

电动潜油泵井标准化操作 / 中国石油人事部，中国石油勘探与生产分公司编 . —北京：石油工业出版社，2018.11
（采油工安全生产标准化操作丛书）
ISBN 978-7-5183-3019-5

Ⅰ.①电… Ⅱ.①中… ②中… Ⅲ.①电动潜油泵-技术操作规程 Ⅳ.① TE933-65

中国版本图书馆 CIP 数据核字（2018）第 256866 号

出版发行：石油工业出版社
　　　　　（北京安定门外安华里 2 区 1 号楼 100011）
　　　　　网　　址：www.petropub.com
　　　　　编辑部：（010）64523712
　　　　　图书营销中心：（010）64523633
经　　销：全国新华书店
印　　刷：北京中石油彩色印刷有限责任公司

2018 年 11 月第 1 版　2018 年 11 月第 1 次印刷
880×1230 毫米　开本：1/64　印张：8.8125
字数：88 千字

定价：135.00 元（全 9 册）
（如出现印装质量问题，我社图书营销中心负责调换）
版权所有，翻印必究

《采油工安全生产标准化操作丛书》
编 委 会

主　　　任：吴　奇
副　主　任：黄　革　　郑新权　　万　军
执行副主任：王渝明　　张守良　　郝庆华
　　　　　　王子云　　张　超　　赵捍军
委员：姜宝山　王　林　于胜泓　章卫兵　董洪亮
　　　王松波　吴景刚　全海涛　李亚鹏　范　猛
　　　王玉琢　杨　东　吴成龙　张万福　杨海波
　　　周　燕　侯继波　柴方源　祝汉强　肖长军
　　　赵　伟　卢盛红　朱继红　宋伟光　尹前进
　　　王海波　袁　月　王鹏飞　张　利　邓　钢
　　　吴文君　高　媛

《电动潜油泵井标准化操作 2 电动潜油泵井巡回检查操作》编委会

主　编：吴　奇

副主编：张向宇　袁棱祎　由东浩

委　员：郑焕军　张学斌　饶　华

　　　　张志宇　任立新　梁　猛

　　　　李欣宇　牛　贺　吴秀范

开发单位

中国石油天然气股份有限公司勘探与生产分公司

大庆油田有限责任公司人事部(党委组织部)

大庆油田有限责任公司开发部

大庆油田有限责任公司质量安全环保部

大庆油田有限责任公司第二采油厂

大庆油田有限责任公司第四采油厂

大庆油田有限责任公司第六采油厂

大庆油田有限责任公司文化集团

大庆油田有限责任公司人才开发院

大庆油田有限责任公司大庆医学高等专科学校

合作单位

长庆油田分公司

辽河油田分公司

新疆油田分公司

大港油田分公司

华北油田分公司

石油工业出版社

FOREWORD 序

"求木之长者，必固其根本；欲流之远者，必浚其泉源。"2017年，党中央、国务院印发了《新时期产业工人队伍建设改革方案》，明确指出，产业工人是工人阶级中发挥支撑作用的主体力量，是创造社会财富的中坚力量，是创新驱动发展的骨干力量，是实施制造强国战略的有生力量。同时提出，要造就一支有理想守信念、懂技术会创新、敢担当讲奉献的宏大的产业工人队伍。这充分体现了党和国家对产业工人队伍建设的关心支持。

中国石油牢固树立以人为本、质量至上、安全第一、环保优先的理念，坚持施行标准化操作作为保证安全生产、深化精细管理、实现

企业内涵发展的重要支撑。中国石油将提升员工技能水平作为抓好产业工人队伍建设的主攻方向,把标准化操作固化成基层单位和干部职工尤其是新员工的行为准则和工作标准,牢固树立"上标准岗、干标准活"的工作意识和理念,形成人人讲安全、人人会安全、人人都安全的良好局面。

守正笃实,久久为功。提升员工技能操作水平是一项长期而艰巨的任务,完善标准是基础,加强领导是保障,优化执行是根本。这需要大家积极推广标准化操作工作,不断加强和改进操作流程与标准,不断规范与完善标准化操作,引导广大员工全面提升对标准化操作的认知度,全面提升标准化操作执行力,规范本质化安全行为,推进各项工作上水平。

中国石油人事部和中国石油勘探与生产分公司共同组织编写的《采油工安全生产标准化

操作丛书》及配套的视频课件，包含中国石油各油气田单位通用性的140个基本操作，具有开发标准高、内容全面、注重安全风险、应用范围广、培训效果突出等方面优点。相对应的视频课件利用三维动画技术，通过分解、剖切等方式展示常规不可见的设备内部结构，让员工学习起来更加直观，是一套"看得懂、学得会、易掌握"的实用教材，真正做到了将"技术有形化"，填补了中国石油安全生产操作培训课件方面的空白，为进一步提升操作员工整体素质提供有力支撑。

目前，跨国公司员工培训已经进入了"互联网＋培训"的员工混合式培训阶段，以多终端应用设备为载体，展现多种资源，结合线下培训和社区化学习模式，以网络化应用进行培训评估，实现可规划路径的人才发展优化培训。这套丛书从生产实际出发，以满足需求为导向，以促进员工养成标准化操作习惯为目标，实践性和针对性都很强。同时，大批专家的参与写作使教材的权威性有了保证。丛书配套的视频课件可以满足石油员工远程移动学习，也可以满足员工单机高清自学和集中学习。这样就形成了三位一体的员工培训模式，逐步迈入员工混合式培训阶段。希望这套丛书的出版发行，能为促进中国石油员工培训工作的深入开展，为促进员工操作技能水平的不断提升，为推动油气主业高质量发展，为实现中国石油建成世界一流综合性国际能源公司作出积极贡献。

中国石油天然气集团有限公司
总经理助理、人事部总经理　刘志华

PREFACE 前言

采油工是油田企业主体关键工种之一,在中国石油操作类员工中占比较大,采油工技能水平的高低,对油田的安全平稳生产起到至关重要的作用。为进一步提高采油工的基本素质和业务技能水平,中国石油人事部和中国石油勘探与生产分公司于2016年联合启动了采油工安全生产标准化操作视频培训课件开发项目,成立了课件编委会,委托大庆油田公司负责课件具体编制工作,并确定长庆、辽河、新疆、大港、华北5家油田公司和石油工业出版社,共同配合大庆油田做好视频培训课件编制工作。

课件开发过程中,大庆油田高度重视,按照"实际、实用、实效"的原则,专门成立了

课件开发工作领导组,组织公司人事部、开发部、安全环保部、第二采油厂、第四采油厂等9个部门和二级单位共同参与,共计抽调了100余名专家参与项目的研发设计。勘探与生产分公司加强过程监督和质量把控,针对开发方案、课件脚本、制作标准、课件样片等内容,按照不同工作节点先后组织三次大的集中审核会议,邀请中国石油各油田行业专家建言献策,为提高课件的通用性和实用性奠定坚实基础。大庆油田按照总体工作要求,历时两年,完成了视频培训课件的编制任务,并同步完成《采油工安全生产标准化操作丛书》的编写工作。本套丛书紧贴油田生产实际,以采油工岗位职责为依据,包含《安全防护用具使用》《工具、用具、量具使用》《采油工艺简介》《抽油机井标准化操作》《电动潜油泵井标准化操作》《电动螺杆泵井标准化操作》《注水井标准化操作》

《计量间标准化操作》《抽油机井生产故障分析与处理》《电动潜油泵井生产故障分析与处理》《电动螺杆泵井生产故障分析与处理》《注水井生产故障分析与处理》《计量间生产故障分析与处理》《现场应急救护》,共14种140个分册。本套丛书具有突出的实用性和规范性特点,可广泛用于新员工岗前培训、日常岗位练兵、鉴定考前培训、师徒帮带、技能竞赛等学习培训活动。

希望本套丛书能够为各石油企业提供借鉴,为今后采油工岗位培训的扎实有效开展提供有力保障。由于各油田在采油工艺、设备等方面存在差异性,书中难免有不足之处,敬请读者批评指正。

编者
2018年8月

CONTENTS 目录

项目说明 1

参考标准 2

操作流程 3

所需工用具 8

操作步骤 14

安全风险提示 27

试题 32

试题参考答案 34

项目说明

电动潜油泵设备长期连续运转,会出现部件老化、腐蚀、松动、井口渗漏等现象,影响设备正常运转。因此,应对电动潜油泵井每天进行巡回检查,如遇有生产异常或刮风、下雨、下雪等恶劣天气,应加密巡回检查。发现异常情况及时上报处理,保证电动潜油泵井正常运行。

参考标准

Q/SY DQ0798—2016《油水井巡回检查规范》

操作流程

1. 准备工作

电动潜油泵井巡回检查操作

2. 巡回检查

3. 录取资料

操作流程

4. 清理现场

操作流程

操作由 1 人完成，操作前正确地穿戴好劳动保护用品。

准备工作
操作由1人完成

所需工用具

(1) 200mm × 24mm 活扳手 1 把。

所需工用具

(2) 井口组合扳手 1 把。

(3) 高压绝缘手套 1 副。

所需工用具

（4）高压验电器 1 支。

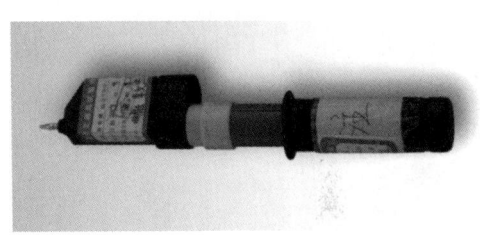

电动潜油泵井巡回检查操作

(5)记录本、记录笔。

所需工用具

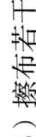

(6) 擦布若干。

操作步骤

（1）检查井场应平整、无油污、无杂草，埋地管线应无裸露、渗漏现象，电缆应无破损。

巡回检查
电缆应无破损

（2）检查井口流程。正常生产时井口总阀门、生产阀门、套管阀门、回油阀门、套管放气阀门均处于开启状态。

电动潜油泵井巡回检查操作

生产放空阀门、套管放空阀门、直通阀门、热洗阀门处于关闭状态。

生产放空阀门

套管放空阀门

巡回检查
途经井口流程

操作步骤

(3) 井口设备应无缺损、松动、渗漏现象。

(4) 检查并录取油压, 回压, 套压, 读值时视线与表盘垂直。

电动潜油泵井巡回检查操作

要求压力值应在压力表量程 1/3 ~ 2/3 之间。

(5) 发现套压过高时,适当开大定压放气阀,控制套压。

(6) 检查井口、接线盒、控制柜处接地线，线径须在 $25mm^2$ 以上，接线牢固，无破损。

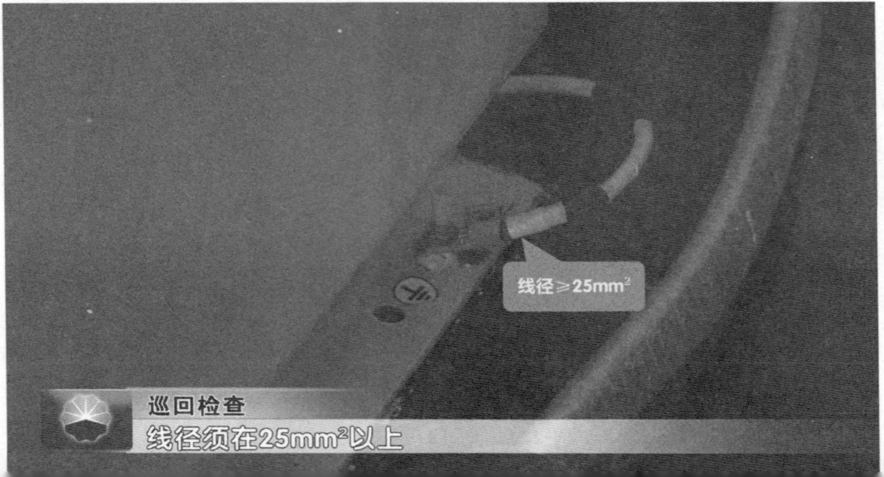

(7) 检查电流卡片运行曲线，曲线应平滑无异常波动。

巡回检查
曲线应平滑无异常波动

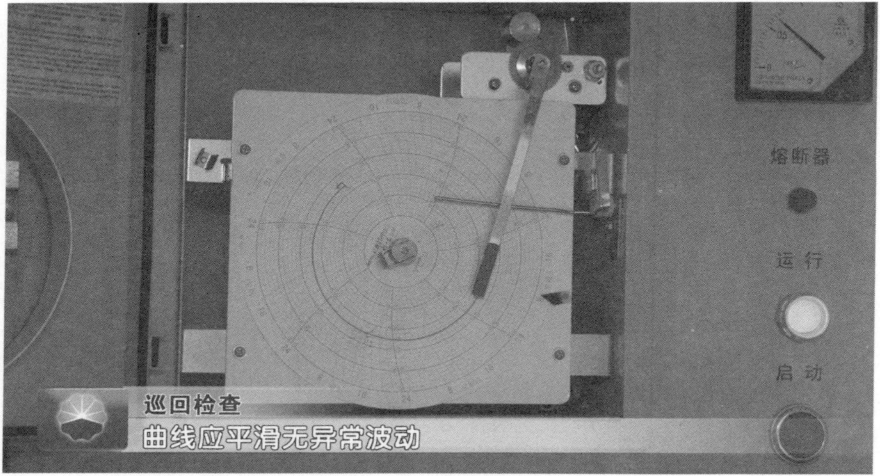

电动潜油泵井巡回检查操作

(8) 站在控制柜前绝缘垫上,戴好高压绝缘手套,用高压验电器对控制柜体进行验电,确认控制柜箱体无电。

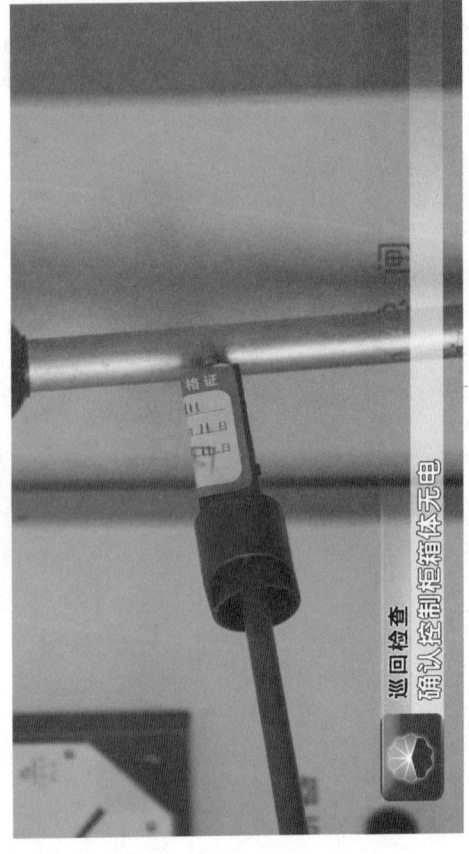

操作步骤

（9）检查工作电压、三相运行电流，并做好记录，电压应正常、电流应稳定。

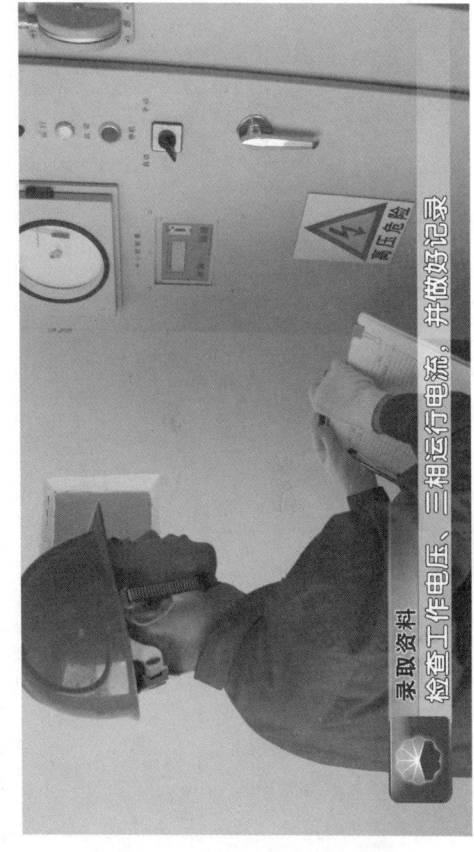

(10) 收拾工具,清理现场。

安全风险提示

(1) 开关井口阀门必须侧身操作。

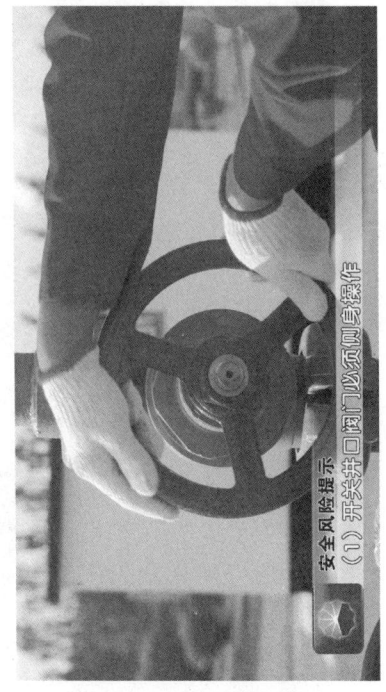

安全风险提示
(1) 开关井口阀门必须侧身操作

(2) 在控制屏前巡查时,必须站在绝缘垫上。

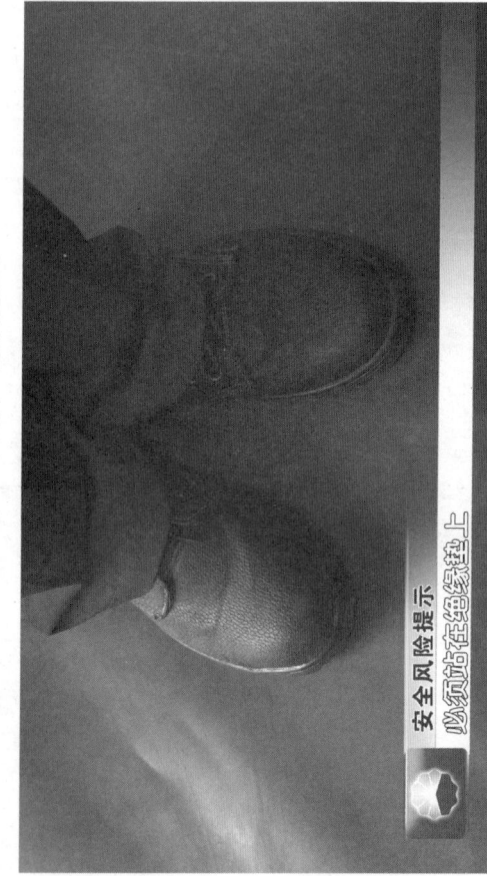

安全风险提示
必须站在绝缘垫上

(3) 操作控制柜前,必须戴高压绝缘手套对控制箱箱体进行验电并确认无电,防止发生触电事故,造成人身伤害。

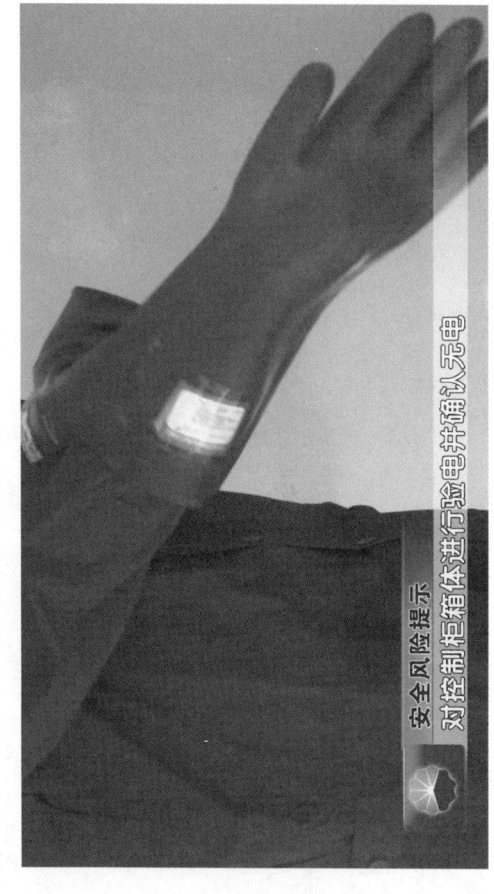

安全风险提示
对控制柜箱体进行验电并确认无电

(4) 高压验电器须检验合格,高压绝缘手套须在有效期内。

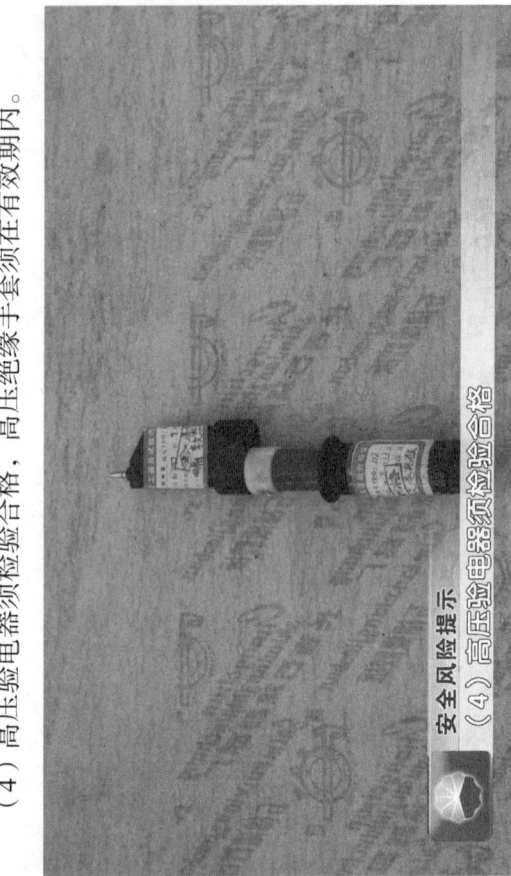

安全风险提示
(4) 高压验电器须检验合格

试 题

一、选择题（不限单选）

1. 录取压力值时，压力表压力值应在压力表量程（　　）之间。

　　A. $1/4 \sim 1/2$　　　　　　B. $1/4 \sim 3/4$

　　C. $1/3 \sim 2/3$　　　　　　D. $1/3 \sim 3/4$

2. 电动潜油泵井正常生产时，以下哪个阀门应处于关闭状态（　　）。

　　A. 生产放空阀门　　B. 套管放空阀门

　　C. 直通阀门　　　　D. 热洗阀门

3. 电动潜油泵井巡回检查时，主要记录的生产参数有（　　）。

　　A. 工作电压　　　　B. 三相运行电流

　　C. 油压、回压、套压

　　D. 对地绝缘电阻

二、判断题

1. 电动潜油泵井正常生产时井口总阀门、生产阀门、套管阀门、回油阀门、套管放气阀门处于开启状态。（ ）

2. 检查并录取油压、回压、套压，读值时视线与表盘平行。（ ）

3. 电动潜油泵井正常生产时，电流曲线应平滑无异常波动。（ ）

试题参考答案

一、选择题

题号	1	2	3
答案	C	ABCD	ABC

二、判断题

题号	1	2	3
答案	√	×	√

《电动潜油泵井标准化操作》

分册序号	分册书名
1	启动、停止电动潜油泵操作
2	电动潜油泵井巡回检查操作
3	电动潜油泵井油嘴调节操作
4	电动潜油泵井机械清蜡操作
5	电动潜油泵井更换电流卡片操作
6	检查并调整电动潜油泵井过、欠载电流保护值操作
7	电动潜油泵井井口热洗操作
8	电动潜油泵井更换压力表操作
9	电动潜油泵井投产操作

采油工安全生产标准化操作丛书

中国石油人事部
中国石油勘探与生产分公司 编

电动潜油泵井标准化操作 3

电动潜油泵井油嘴调节操作

石油工业出版社

图书在版编目（CIP）数据

电动潜油泵井标准化操作 / 中国石油人事部，中国石油勘探与生产分公司编. —北京：石油工业出版社，2018.11

（采油工安全生产标准化操作丛书）

ISBN 978-7-5183-3019-5

Ⅰ.①电… Ⅱ.①中… ②中… Ⅲ.①电动潜油泵-技术操作规程 Ⅳ.① TE933-65

中国版本图书馆 CIP 数据核字（2018）第 256866 号

出版发行：石油工业出版社
（北京安定门外安华里 2 区 1 号楼 100011）
网　　址：www.petropub.com
编辑部：（010）64523712
图书营销中心：（010）64523633
经　　销：全国新华书店
印　　刷：北京中石油彩色印刷有限责任公司

2018 年 11 月第 1 版　2018 年 11 月第 1 次印刷
880×1230 毫米　开本：1/64　印张：8.8125
字数：88 千字

定价：135.00 元（全 9 册）
（如出现印装质量问题，我社图书营销中心负责调换）
版权所有，翻印必究

《采油工安全生产标准化操作丛书》编委会

主　　　　任：吴　奇

副　主　任：黄　革　　郑新权　　万　军

执行副主任：王渝明　　张守良　　郝庆华

　　　　　　王子云　　张　超　　赵捍军

委员：姜宝山　王　林　于胜泓　章卫兵　董洪亮

　　　王松波　吴景刚　全海涛　李亚鹏　范　猛

　　　王玉琢　杨　东　吴成龙　张万福　杨海波

　　　周　燕　侯继波　柴方源　祝汉强　肖长军

　　　赵　伟　卢盛红　朱继红　宋伟光　尹前进

　　　王海波　袁　月　王鹏飞　张　利　邓　钢

　　　吴文君　高　媛

《电动潜油泵井标准化操作3 电动潜油泵井油嘴调节操作》编委会

主　编：吴　奇

副主编：姚立冬　陈　浩　王海波

委　员：郑焕军　张学斌　饶　华

　　　　张志宇　任立新　梁　猛

　　　　李欣宇　郭　威　张向宇

开发单位

中国石油天然气股份有限公司勘探与生产分公司

大庆油田有限责任公司人事部(党委组织部)

大庆油田有限责任公司开发部

大庆油田有限责任公司质量安全环保部

大庆油田有限责任公司第二采油厂

大庆油田有限责任公司第四采油厂

大庆油田有限责任公司第六采油厂

大庆油田有限责任公司文化集团

大庆油田有限责任公司人才开发院

大庆油田有限责任公司大庆医学高等专科学校

合作单位

长庆油田分公司

辽河油田分公司

新疆油田分公司

大港油田分公司

华北油田分公司

石油工业出版社

Foreword 序

"求木之长者，必固其根本；欲流之远者，必浚其泉源。"2017年，党中央、国务院印发了《新时期产业工人队伍建设改革方案》，明确指出，产业工人是工人阶级中发挥支撑作用的主体力量，是创造社会财富的中坚力量，是创新驱动发展的骨干力量，是实施制造强国战略的有生力量。同时提出，要造就一支有理想守信念、懂技术会创新、敢担当讲奉献的宏大的产业工人队伍。这充分体现了党和国家对产业工人队伍建设的关心支持。

中国石油牢固树立以人为本、质量至上、安全第一、环保优先的理念，坚持施行标准化操作作为保证安全生产、深化精细管理、实现

企业内涵发展的重要支撑。中国石油将提升员工技能水平作为抓好产业工人队伍建设的主攻方向，把标准化操作固化成基层单位和干部职工尤其是新员工的行为准则和工作标准，牢固树立"上标准岗、干标准活"的工作意识和理念，形成人人讲安全、人人会安全、人人都安全的良好局面。

守正笃实，久久为功。提升员工技能操作水平是一项长期而艰巨的任务，完善标准是基础，加强领导是保障，优化执行是根本。这需要大家积极推广标准化操作工作，不断加强和改进操作流程与标准，不断规范与完善标准化操作，引导广大员工全面提升对标准化操作的认知度，全面提升标准化操作执行力，规范本质化安全行为，推进各项工作上水平。

中国石油人事部和中国石油勘探与生产分公司共同组织编写的《采油工安全生产标准化

操作丛书》及配套的视频课件,包含中国石油各油气田单位通用性的140个基本操作,具有开发标准高、内容全面、注重安全风险、应用范围广、培训效果突出等方面优点。相对应的视频课件利用三维动画技术,通过分解、剖切等方式展示常规不可见的设备内部结构,让员工学习起来更加直观,是一套"看得懂、学得会、易掌握"的实用教材,真正做到了将"技术有形化",填补了中国石油安全生产操作培训课件方面的空白,为进一步提升操作员工整体素质提供有力支撑。

目前,跨国公司员工培训已经进入了"互联网+培训"的员工混合式培训阶段,以多终端应用设备为载体,展现多种资源,结合线下培训和社区化学习模式,以网络化应用进行培训评估,实现可规划路径的人才发展优化培训。这套丛书从生产实际出发,以满足需求为导向,

以促进员工养成标准化操作习惯为目标,实践性和针对性都很强。同时,大批专家的参与写作使教材的权威性有了保证。丛书配套的视频课件可以满足石油员工远程移动学习,也可以满足员工单机高清自学和集中学习。这样就形成了三位一体的员工培训模式,逐步迈入员工混合式培训阶段。希望这套丛书的出版发行,能为促进中国石油员工培训工作的深入开展,为促进员工操作技能水平的不断提升,为推动油气主业高质量发展,为实现中国石油建成世界一流综合性国际能源公司作出积极贡献。

中国石油天然气集团有限公司
总经理助理、人事部总经理　刘志华

PREFACE 前言

采油工是油田企业主体关键工种之一，在中国石油操作类员工中占比较大，采油工技能水平的高低，对油田的安全平稳生产起到至关重要的作用。为进一步提高采油工的基本素质和业务技能水平，中国石油人事部和中国石油勘探与生产分公司于2016年联合启动了采油工安全生产标准化操作视频培训课件开发项目，成立了课件编委会，委托大庆油田公司负责课件具体编制工作，并确定长庆、辽河、新疆、大港、华北5家油田公司和石油工业出版社，共同配合大庆油田做好视频培训课件编制工作。

课件开发过程中，大庆油田高度重视，按照"实际、实用、实效"的原则，专门成立了

课件开发工作领导组,组织公司人事部、开发部、安全环保部、第二采油厂、第四采油厂等9个部门和二级单位共同参与,共计抽调了100余名专家参与项目的研发设计。勘探与生产分公司加强过程监督和质量把控,针对开发方案、课件脚本、制作标准、课件样片等内容,按照不同工作节点先后组织三次大的集中审核会议,邀请中国石油各油田行业专家建言献策,为提高课件的通用性和实用性奠定坚实基础。大庆油田按照总体工作要求,历时两年,完成了视频培训课件的编制任务,并同步完成《采油工安全生产标准化操作丛书》的编写工作。本套丛书紧贴油田生产实际,以采油工岗位职责为依据,包含《安全防护用具使用》《工具、用具、量具使用》《采油工艺简介》《抽油机井标准化操作》《电动潜油泵井标准化操作》《电动螺杆泵井标准化操作》《注水井标准化操作》

《计量间标准化操作》《抽油机井生产故障分析与处理》《电动潜油泵井生产故障分析与处理》《电动螺杆泵井生产故障分析与处理》《注水井生产故障分析与处理》《计量间生产故障分析与处理》《现场应急救护》,共14种140个分册。本套丛书具有突出的实用性和规范性特点,可广泛用于新员工岗前培训、日常岗位练兵、鉴定考前培训、师徒帮带、技能竞赛等学习培训活动。

希望本套丛书能够为各石油企业提供借鉴,为今后采油工岗位培训的扎实有效开展提供有力保障。由于各油田在采油工艺、设备等方面存在差异性,书中难免有不足之处,敬请读者批评指正。

编者

2018 年 8 月

CONTENTS 目录

项目说明 1

参考标准 2

操作流程 3

所需工用具 9

操作步骤 14

安全风险提示 30

试题 34

试题参考答案 36

项目说明

油嘴孔径大小对电动潜油泵井排量具有一定程度的调节作用,油嘴孔径大小的调节,是根据油井产液量、动液面、运行电流等动态生产数据综合分析判断的,通过调节油嘴,使电动潜油泵井保持合理的生产压差,保证长期稳定生产。

参考标准

Q/SY DQ0804—2013《采油岗位操作程序及要求》

操作流程

1. 准备工作

电动潜油泵井油嘴调节操作

2. 核实数据

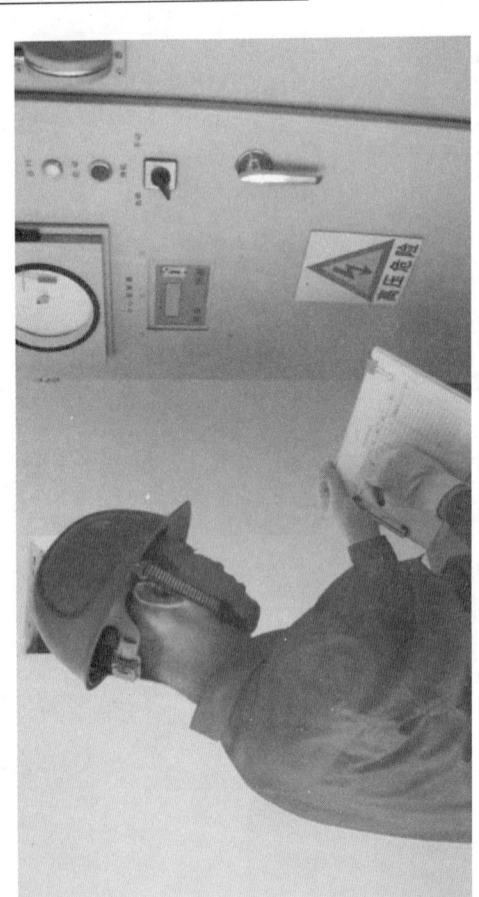

操作流程

3. 调整油嘴

4. 录取资料

5. 清理现场

电动潜油泵井油嘴调节操作

操作由 1 人完成，操作前正确地穿戴好劳动保护用品。

准备工作
操作由1人完成

所需工用具

(1) 200mm × 24mm 活扳手 1 把。

(2)高压绝缘手套 1 副。

所需工用具

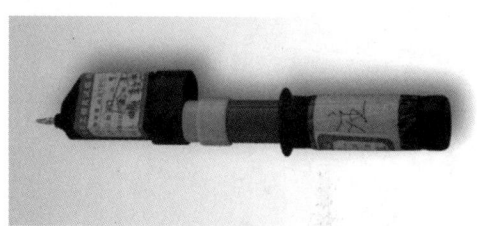

（3）高压验电器 1 支。

(4) 记录本、记录笔。

所需工用具

（5）擦布若干。

操作步骤

(1) 检查并录取油压、回压、套压,读值时视线与表盘垂直。

操作步骤

（2）站在控制柜前绝缘垫上，戴好高压绝缘手套，用高压验电器对控制柜体进行验电，确认控制柜箱体无电。

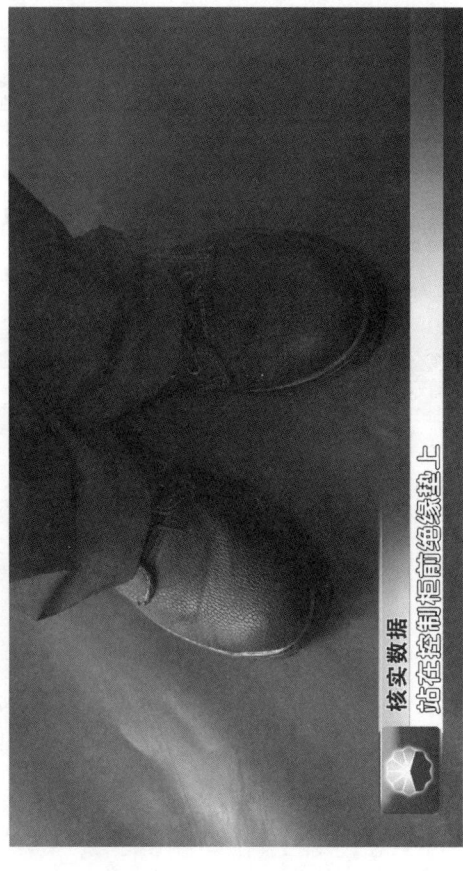

核实数据
站在控制柜前绝缘垫上

电动潜油泵井油嘴调节操作

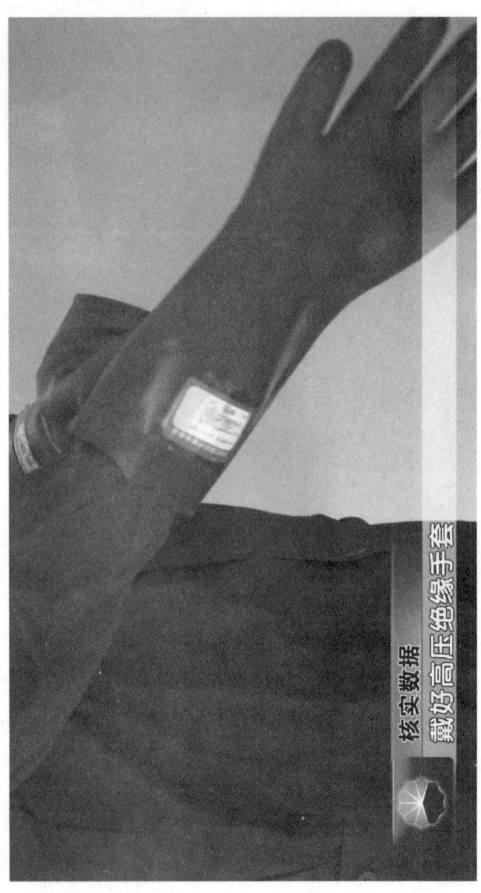

核实数据
戴好高压绝缘手套

操作步骤

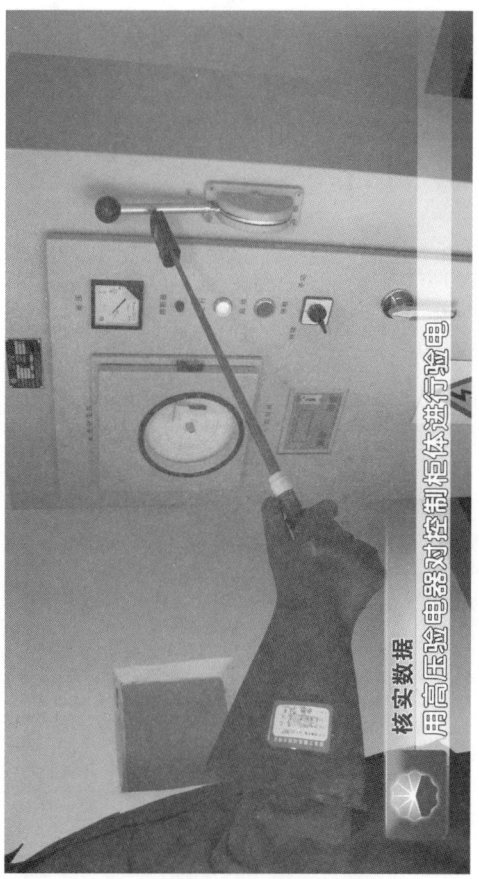

核实数据
用高压验电器对控制箱体进行验电

(3) 录取三相运行电流。

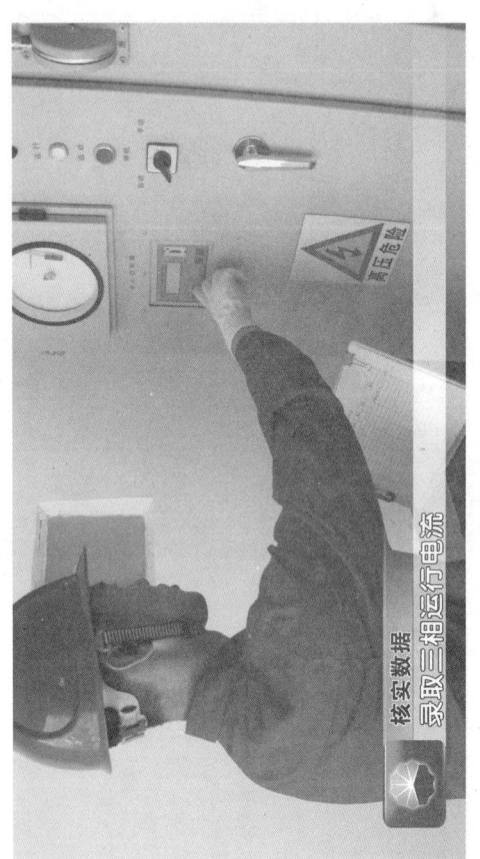

(4) 卸下油嘴调整护套。拆卸护套时，应侧身操作，防止伤害。

调整油嘴
卸下油嘴调整护套

电动潜油泵井油嘴调节操作

(5) 记录调整前油嘴刻度值。

(6)调整油嘴。

电动潜油泵井油嘴调节操作

如调大油嘴孔径，用扳手逆时针方向旋转调整杆至所需刻度值。

调整油嘴
用扳手逆时针方向旋转调整杆至所需刻度值

— 22 —

操作步骤

如调小油嘴孔径,用扳手顺时针方向旋转调整杆至所需刻度值。

调整油嘴
用扳手顺时针方向旋转调整杆至所需刻度值

— 23 —

(7) 记录调整后油嘴刻度及调整时间。

(8) 安装油嘴调整护套。安装护套时，应侧身操作，防止伤害。

电动潜油泵井油嘴调节操作

（9）调整 30min 后记录油压、回压、套压与三相运行电流值。

操作步骤

录取资料 记录油压、回压、套压与三相运行电流值

(10) 根据电流变化调整欠载电流保护值。

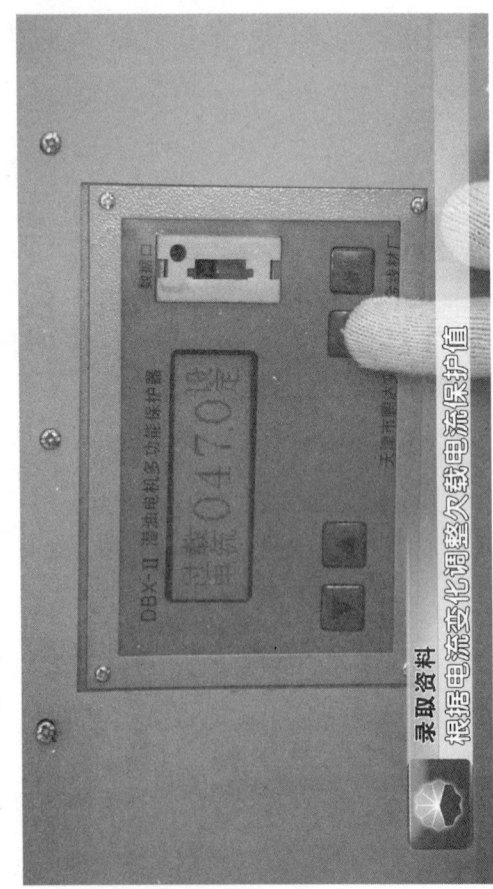

根据电流变化调整欠载电流保护值

(11) 收拾工具,清理现场。

安全风险提示

(1) 操作调整油嘴时必须侧身。

安全风险提示

(2) 在控制屏前操作时,必须站在绝缘垫上。

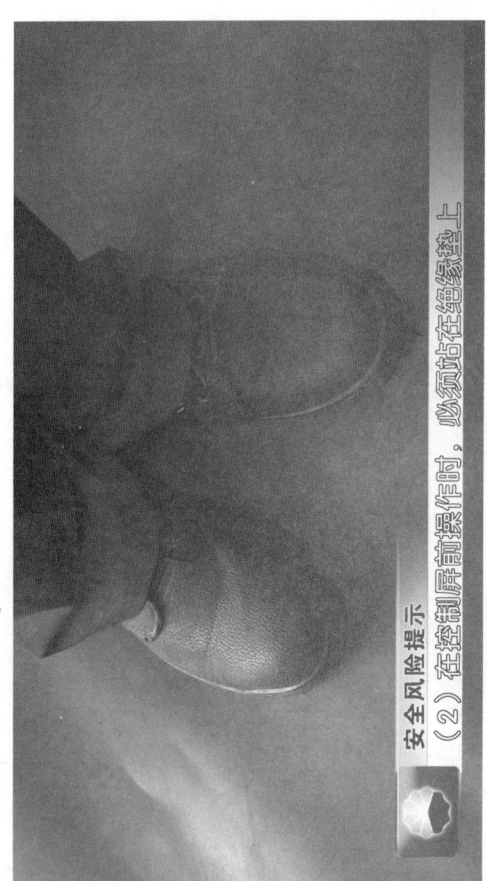

安全风险提示
(2) 在控制屏前操作时,必须站在绝缘垫上

电动潜油泵井油嘴调节操作

(3)操作控制柜前,必须戴高压绝缘手套对控制柜箱体进行验电并确认无电,防止发生触电事故,造成人身伤害。

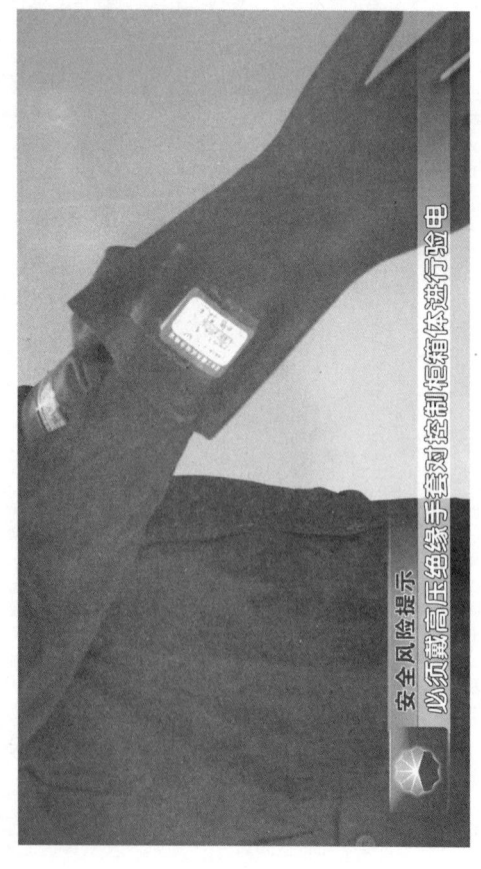

安全风险提示
必须戴高压绝缘手套对控制柜箱体进行验电

(4) 高压验电器须检验合格,高压绝缘手套须在有效期内。

试 题

一、选择题（不限单选）

1. 当油井供液能力下降时，应（　　）。

A. 顺时针调大油嘴　B. 顺时针调小油嘴

C. 逆时针调大油嘴　D. 逆时针调小油嘴

2. 调节油嘴操作前，应记录（　　）。

A. 油压、回压、套压

B. 三相运行电流

C. 油嘴刻度值　　　D. 对地绝缘电阻

3. 调节油嘴操作后，应记录（　　）。

A. 油压、回压、套压

B. 三相运行电流

C. 油嘴刻度值　　　D. 油嘴调整时间

二、判断题

1. 调节油嘴的目的是使电动潜油泵井保持

合理的生产压差,保证长期稳定生产。( )

2. 调节油嘴后,应立即调整过载及欠载电流保护值。( )

3. 调节油嘴后,应立即记录各项生产参数。( )

试题参考答案

一、选择题

题号	1	2	3
答案	B	ABC	ABCD

二、判断题

题号	1	2	3
答案	√	×	×

《电动潜油泵井标准化操作》

分册序号	分册书名
1	启动、停止电动潜油泵操作
2	电动潜油泵井巡回检查操作
3	电动潜油泵井油嘴调节操作
4	电动潜油泵井机械清蜡操作
5	电动潜油泵井更换电流卡片操作
6	检查并调整电动潜油泵井过、欠载电流保护值操作
7	电动潜油泵井井口热洗操作
8	电动潜油泵井更换压力表操作
9	电动潜油泵井投产操作

采油工安全生产标准化操作丛书

中国石油人事部
中国石油勘探与生产分公司 编

电动潜油泵井标准化操作 4

电动潜油泵井机械清蜡操作

石油工业出版社

图书在版编目（CIP）数据

电动潜油泵井标准化操作 / 中国石油人事部，中国石油勘探与生产分公司编. —北京：石油工业出版社，2018.11

（采油工安全生产标准化操作丛书）

ISBN 978-7-5183-3019-5

Ⅰ.①电⋯　Ⅱ.①中⋯　②中⋯　Ⅲ.①电动潜油泵-技术操作规程　Ⅳ.①TE933-65

中国版本图书馆 CIP 数据核字（2018）第 256866 号

出版发行：石油工业出版社
　　　　　（北京安定门外安华里 2 区 1 号楼 100011）
　　　网　址：www.petropub.com
　　　编辑部：（010）64523712
　　　图书营销中心：（010）64523633
经　　销：全国新华书店
印　　刷：北京中石油彩色印刷有限责任公司

2018 年 11 月第 1 版　2018 年 11 月第 1 次印刷
880×1230 毫米　开本：1/64　印张：8.8125
字数：88 千字

定价：135.00 元（全 9 册）
（如出现印装质量问题，我社图书营销中心负责调换）
版权所有，翻印必究

《采油工安全生产标准化操作丛书》编委会

主　　　　任：吴　奇

副　主　任：黄　革　　郑新权　　万　军

执行副主任：王渝明　　张守良　　郝庆华

　　　　　　王子云　　张　超　　赵捍军

委员：姜宝山　王　林　于胜泓　章卫兵　董洪亮

　　　王松波　吴景刚　全海涛　李亚鹏　范　猛

　　　王玉琢　杨　东　吴成龙　张万福　杨海波

　　　周　燕　侯继波　柴方源　祝汉强　肖长军

　　　赵　伟　卢盛红　朱继红　宋伟光　尹前进

　　　王海波　袁　月　王鹏飞　张　利　邓　钢

　　　吴文君　高　媛

《电动潜油泵井标准化操作 4 电动潜油泵井机械清蜡操作》编委会

主　编：吴　奇

副主编：王海涛　吴秀范　赵喜庆

委　员：郑焕军　张学斌　饶　华

　　　　张志宇　任立新　梁　猛

　　　　李欣宇　李　季　张向宇

开发单位

中国石油天然气股份有限公司勘探与生产分公司

大庆油田有限责任公司人事部（党委组织部）

大庆油田有限责任公司开发部

大庆油田有限责任公司质量安全环保部

大庆油田有限责任公司第二采油厂

大庆油田有限责任公司第四采油厂

大庆油田有限责任公司第六采油厂

大庆油田有限责任公司文化集团

大庆油田有限责任公司人才开发院

大庆油田有限责任公司大庆医学高等专科学校

合作单位

长庆油田分公司

辽河油田分公司

新疆油田分公司

大港油田分公司

华北油田分公司

石油工业出版社

Foreword 序

"求木之长者，必固其根本；欲流之远者，必浚其泉源。"2017年，党中央、国务院印发了《新时期产业工人队伍建设改革方案》，明确指出，产业工人是工人阶级中发挥支撑作用的主体力量，是创造社会财富的中坚力量，是创新驱动发展的骨干力量，是实施制造强国战略的有生力量。同时提出，要造就一支有理想守信念、懂技术会创新、敢担当讲奉献的宏大的产业工人队伍。这充分体现了党和国家对产业工人队伍建设的关心支持。

中国石油牢固树立以人为本、质量至上、安全第一、环保优先的理念，坚持施行标准化操作作为保证安全生产、深化精细管理、实现

企业内涵发展的重要支撑。中国石油将提升员工技能水平作为抓好产业工人队伍建设的主攻方向，把标准化操作固化成基层单位和干部职工尤其是新员工的行为准则和工作标准，牢固树立"上标准岗、干标准活"的工作意识和理念，形成人人讲安全、人人会安全、人人都安全的良好局面。

守正笃实，久久为功。提升员工技能操作水平是一项长期而艰巨的任务，完善标准是基础，加强领导是保障，优化执行是根本。这需要大家积极推广标准化操作工作，不断加强和改进操作流程与标准，不断规范与完善标准化操作，引导广大员工全面提升对标准化操作的认知度，全面提升标准化操作执行力，规范本质化安全行为，推进各项工作上水平。

中国石油人事部和中国石油勘探与生产分公司共同组织编写的《采油工安全生产标准化

操作丛书》及配套的视频课件,包含中国石油各油气田单位通用性的140个基本操作,具有开发标准高、内容全面、注重安全风险、应用范围广、培训效果突出等方面优点。相对应的视频课件利用三维动画技术,通过分解、剖切等方式展示常规不可见的设备内部结构,让员工学习起来更加直观,是一套"看得懂、学得会、易掌握"的实用教材,真正做到了将"技术有形化",填补了中国石油安全生产操作培训课件方面的空白,为进一步提升操作员工整体素质提供有力支撑。

目前,跨国公司员工培训已经进入了"互联网+培训"的员工混合式培训阶段,以多终端应用设备为载体,展现多种资源,结合线下培训和社区化学习模式,以网络化应用进行培训评估,实现可规划路径的人才发展优化培训。这套丛书从生产实际出发,以满足需求为导向,

以促进员工养成标准化操作习惯为目标，实践性和针对性都很强。同时，大批专家的参与写作使教材的权威性有了保证。丛书配套的视频课件可以满足石油员工远程移动学习，也可以满足员工单机高清自学和集中学习。这样就形成了三位一体的员工培训模式，逐步迈入员工混合式培训阶段。希望这套丛书的出版发行，能为促进中国石油员工培训工作的深入开展，为促进员工操作技能水平的不断提升，为推动油气主业高质量发展，为实现中国石油建成世界一流综合性国际能源公司作出积极贡献。

中国石油天然气集团有限公司
总经理助理、人事部总经理

Preface 前言

采油工是油田企业主体关键工种之一,在中国石油操作类员工中占比较大,采油工技能水平的高低,对油田的安全平稳生产起到至关重要的作用。为进一步提高采油工的基本素质和业务技能水平,中国石油人事部和中国石油勘探与生产分公司于2016年联合启动了采油工安全生产标准化操作视频培训课件开发项目,成立了课件编委会,委托大庆油田公司负责课件具体编制工作,并确定长庆、辽河、新疆、大港、华北5家油田公司和石油工业出版社,共同配合大庆油田做好视频培训课件编制工作。

课件开发过程中,大庆油田高度重视,按照"实际、实用、实效"的原则,专门成立了

课件开发工作领导组,组织公司人事部、开发部、安全环保部、第二采油厂、第四采油厂等9个部门和二级单位共同参与,共计抽调了100余名专家参与项目的研发设计。勘探与生产分公司加强过程监督和质量把控,针对开发方案、课件脚本、制作标准、课件样片等内容,按照不同工作节点先后组织三次大的集中审核会议,邀请中国石油各油田行业专家建言献策,为提高课件的通用性和实用性奠定坚实基础。大庆油田按照总体工作要求,历时两年,完成了视频培训课件的编制任务,并同步完成《采油工安全生产标准化操作丛书》的编写工作。本套丛书紧贴油田生产实际,以采油工岗位职责为依据,包含《安全防护用具使用》《工具、用具、量具使用》《采油工艺简介》《抽油机井标准化操作》《电动潜油泵井标准化操作》《电动螺杆泵井标准化操作》《注水井标准化操作》

《计量间标准化操作》《抽油机井生产故障分析与处理》《电动潜油泵井生产故障分析与处理》《电动螺杆泵井生产故障分析与处理》《注水井生产故障分析与处理》《计量间生产故障分析与处理》《现场应急救护》,共14种140个分册。本套丛书具有突出的实用性和规范性特点,可广泛用于新员工岗前培训、日常岗位练兵、鉴定考前培训、师徒帮带、技能竞赛等学习培训活动。

希望本套丛书能够为各石油企业提供借鉴,为今后采油工岗位培训的扎实有效开展提供有力保障。由于各油田在采油工艺、设备等方面存在差异性,书中难免有不足之处,敬请读者批评指正。

编者
2018年8月

CONTENTS 目录

项目说明 1

参考标准 2

操作流程 3

所需工用具 9

操作步骤 21

安全风险提示 59

试题 66

试题参考答案 69

项目说明

电动潜油泵井机械清蜡操作是将刮蜡器由井口采油树上的防喷管下入油管内,通过逐级加大刮蜡器外径的方式,刮削依附在油管内壁的蜡质,从而降低液流阻力,保证电动潜油泵井的正常生产。

参考标准

Q/SY DQ0973—2014《电动潜油泵清蜡操作规程》

Q/SY DQ0795—2002《采油井刮蜡片清蜡操作规程》

操作流程

1. 准备工作

电动潜油泵井机械清蜡操作

2. 核实资料

3. 检查流程

电动潜油泵井机械清蜡操作

4. 清蜡操作

5. 清理现场

操作流程

电动潜油泵井机械清蜡操作

操作由 4 人配合完成,操作前正确穿戴好劳动保护用品。

准备工作
操作由4人配合完成

所需工用具

(1) 刮蜡器 1 套。

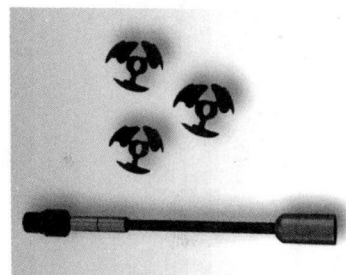

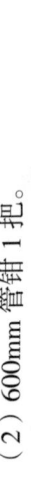

（2）600mm 管钳 1 把。

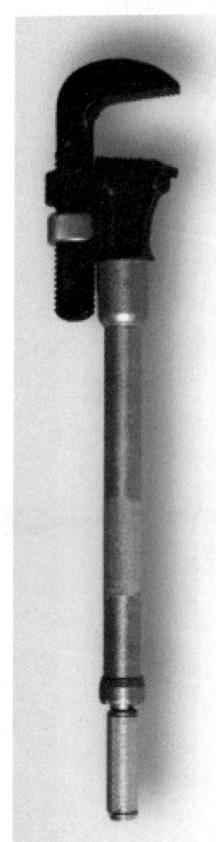

所需工用具

(3) 900mm 管钳 1 把。

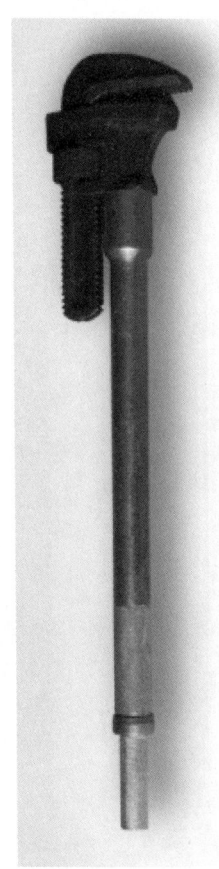

(4) 250mm × 30mm 活扳手 1 把。

所需工用具

(5) 200mm 克丝钳 1 把。

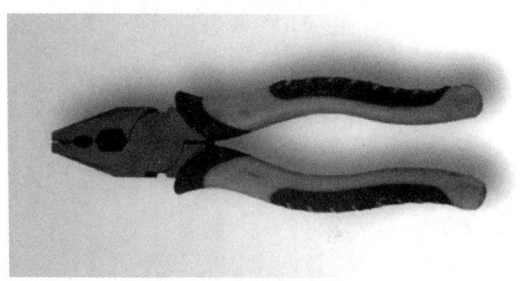

电动潜油泵井机械清蜡操作

(6) 安全警戒带 1 套。

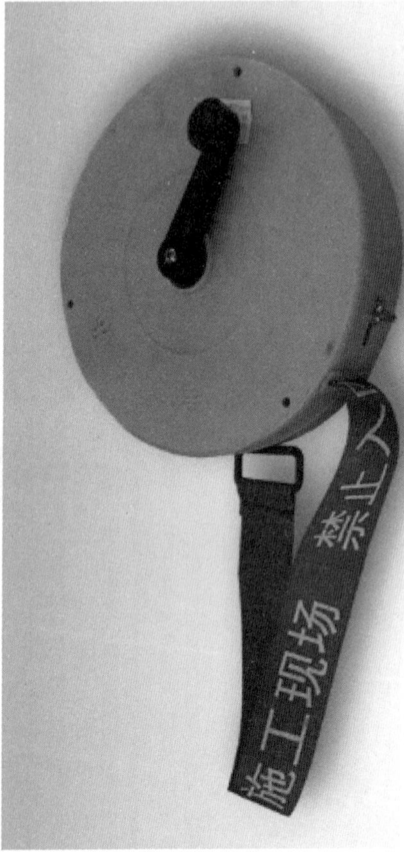

所需工用具

（7）清蜡用滑轮 1 个。

(8)污油桶1个。

所需工用具

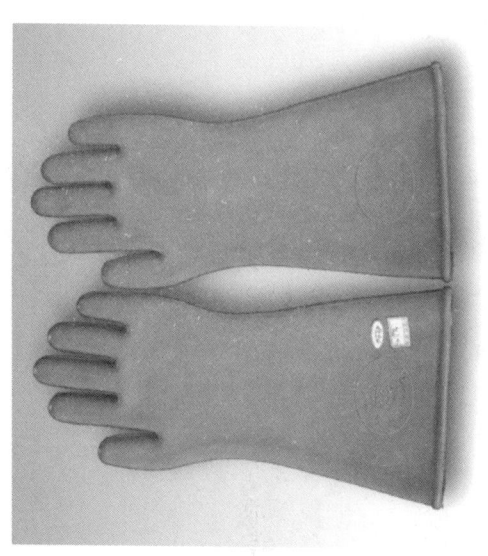

(9) 高压绝缘手套 1 副。

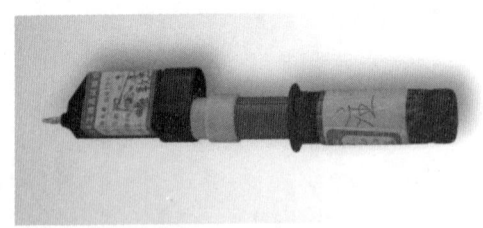

(10) 高压验电器 1 支。

所需工用具

(11) 记录本、记录笔。

电动潜油泵井机械清蜡操作

(12) 擦布若干。

操作步骤

(1) 清蜡操作前,由班长对操作人员进行安全宣讲。

电动潜油泵井机械清蜡操作

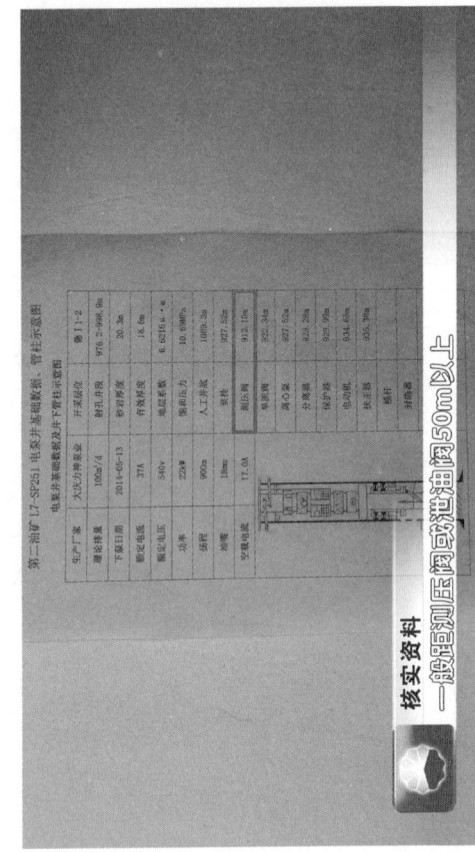

(2) 查询该井测压阀或泄油阀深度,确定清蜡深度,一般距测压阀或泄油阀 50m 以上。

核实资料
一般距测压阀或泄油阀50m以上

(3) 检查井口各阀门应灵活好用。

(4) 记录油压、回压、套压。

操作步骤

(5) 站在控制柜前绝缘垫上,戴好高压绝缘手套,用高压验电器对控制柜柜体进行验电,确认控制柜箱体无电。

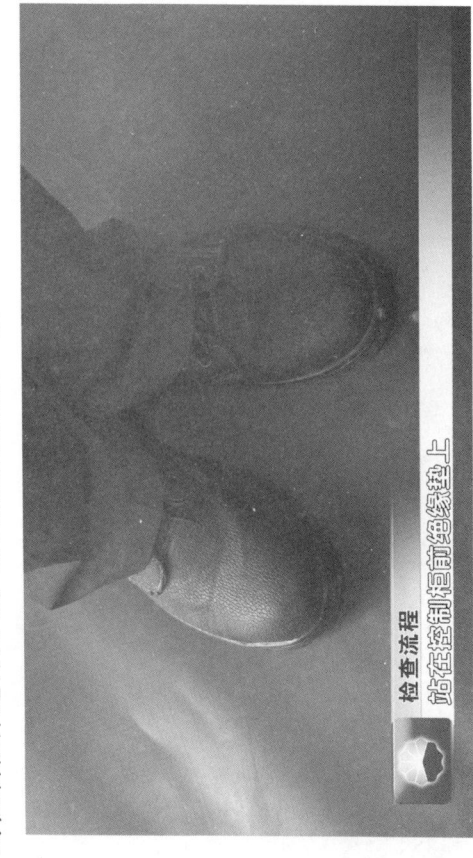

检查流程
站在控制柜前绝缘垫上

电动潜油泵井机械清蜡操作

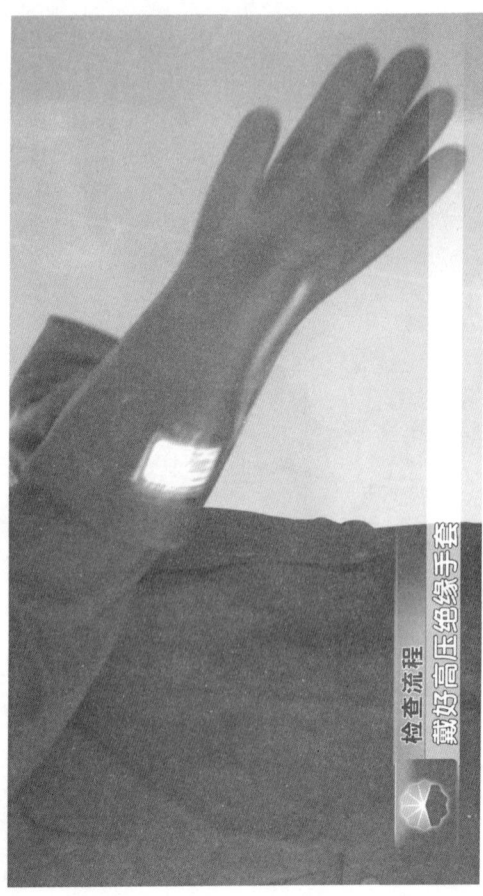

检查流程：戴好高压绝缘手套

操作步骤

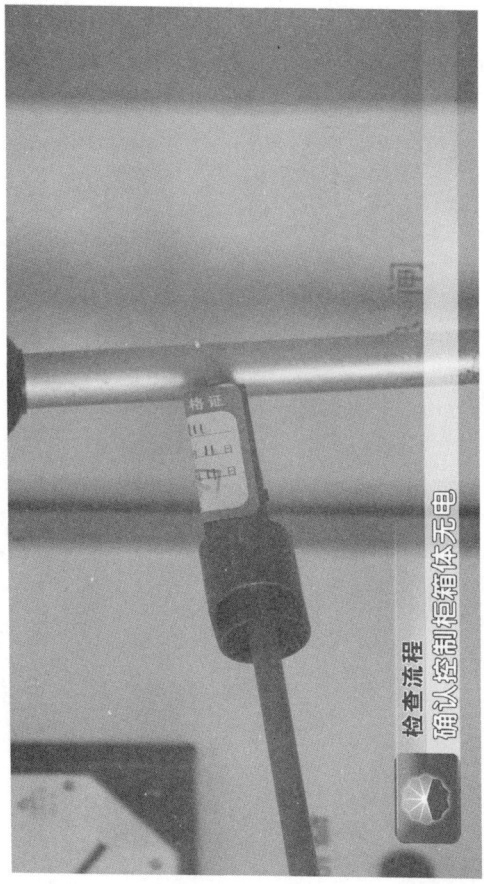

电动潜油泵井机械清蜡操作

(6) 录取三相运行电流。

操作步骤

(7) 将清蜡车停放在距井口 20~30m 的上风位置，使绞车对准井口，在操作现场区域设置安全警戒带。

电动潜油泵井机械清蜡操作

(8) 组装最小直径刮蜡器。

(9) 将清蜡钢丝与刮蜡器连接牢固。

清蜡操作
将清蜡钢丝与刮蜡器连接牢固

(10) 打开防喷管放空阀门，放至无压，关闭放空阀门。

(11) 卸下防喷管堵头。

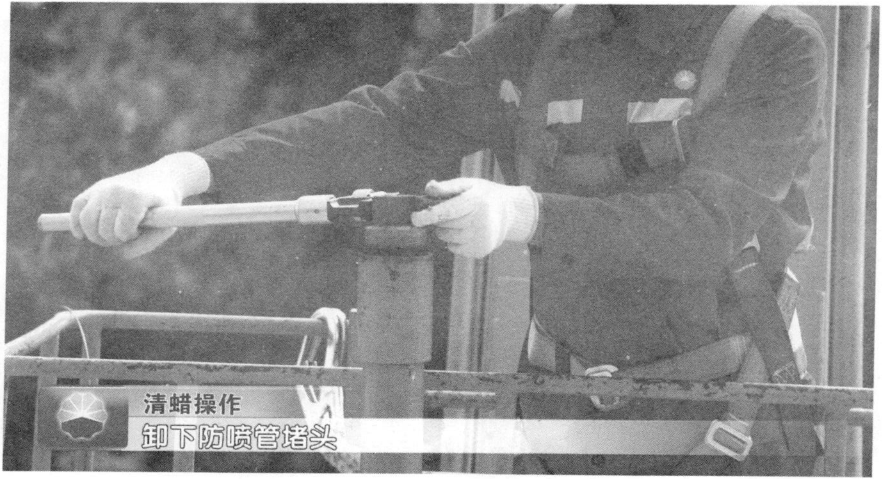

电动潜油泵井机械清蜡操作

（12）安装清蜡滑轮，要求滑轮正对绞车滚筒。

操作步骤

清蜡操作
罩形滑轮正对绞车滚筒

电动潜油泵井机械清蜡操作

(13) 将刮蜡器下入防喷管内,将钢丝坐入滑轮槽内。

(14) 上紧防喷管清蜡堵头。

电动潜油泵井机械清蜡操作

(15)摇动绞车滚筒,拉紧清蜡钢丝,将计数器归零,拉紧绞车刹车。

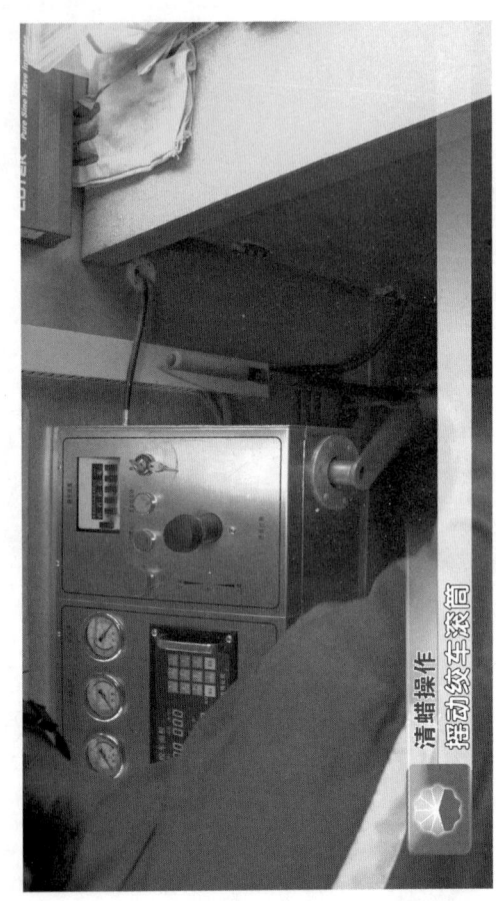

清蜡操作
摇动绞车滚筒

电动潜油泵井机械清蜡操作

操作步骤

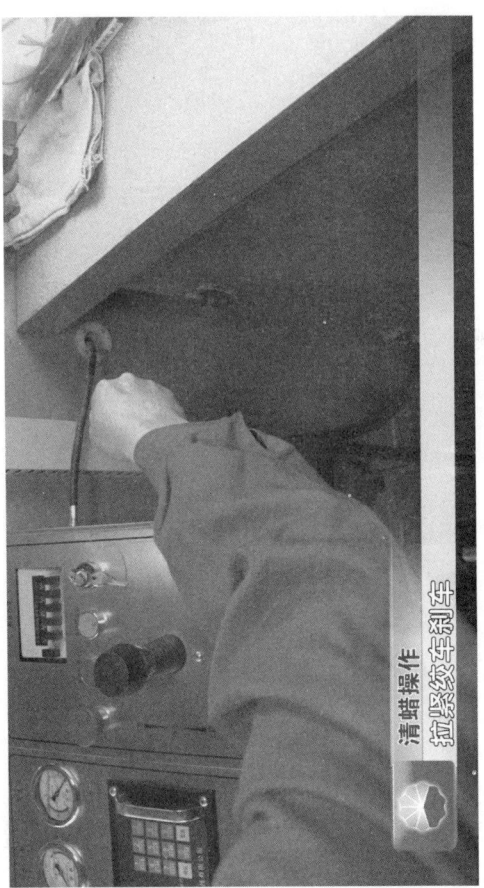

清蜡操作
拉紧洗车制车

电动潜油泵井机械清蜡操作

(16) 侧身缓慢打开清蜡阀门。

(17) 松开绞车刹车,将刮蜡器缓慢下入井内,下放速度在 60m/min 以内。

(18) 将刮蜡器匀速下入到确定的清蜡深度后, 停 15min, 以便将刮蜡器上的蜡冲掉, 防止上起时顶钻。

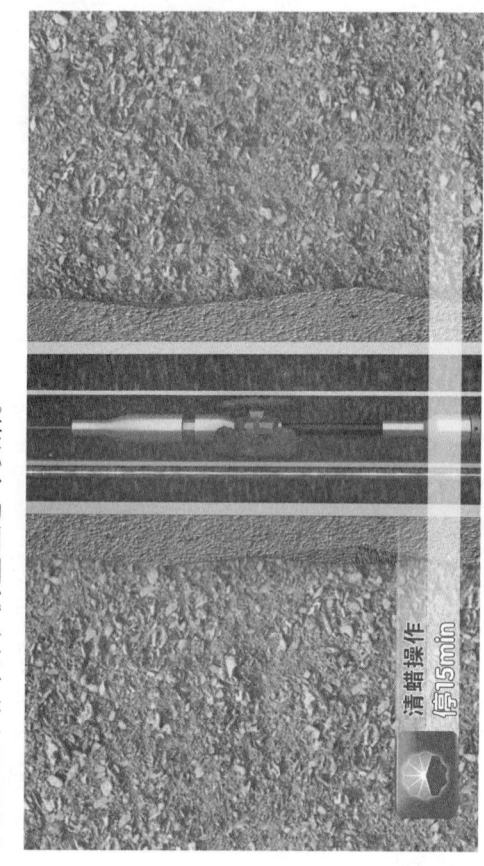

(19) 上提刮蜡器,速度不得超过80m/min。距离井口150m时,减速上提;距离井口20m时,停下绞车,手摇绞车将刮蜡器提入到防喷管内。

电动潜油泵井机械清蜡操作

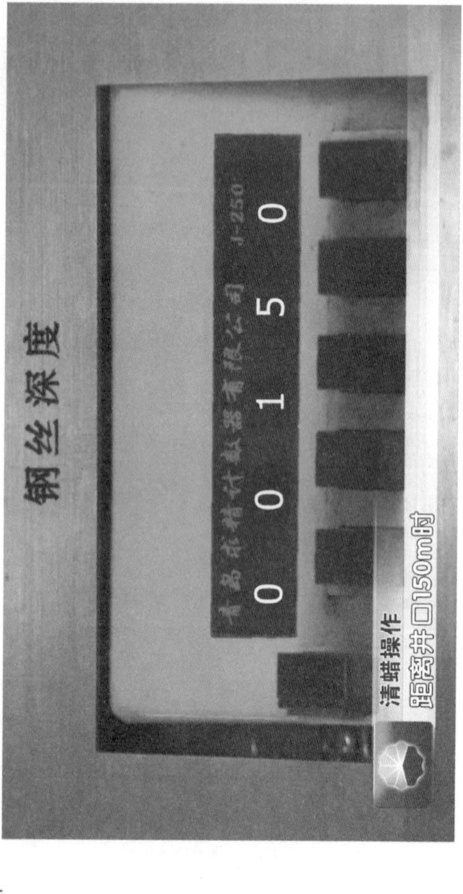

(20) 核对计数器归零。

电动潜油泵井机械清蜡操作

（21）将清蜡阀门关闭 $^2/_3$。

(22)下探闸板,确认清蜡仪器进入防喷管内。

电动潜油泵井机械清蜡操作

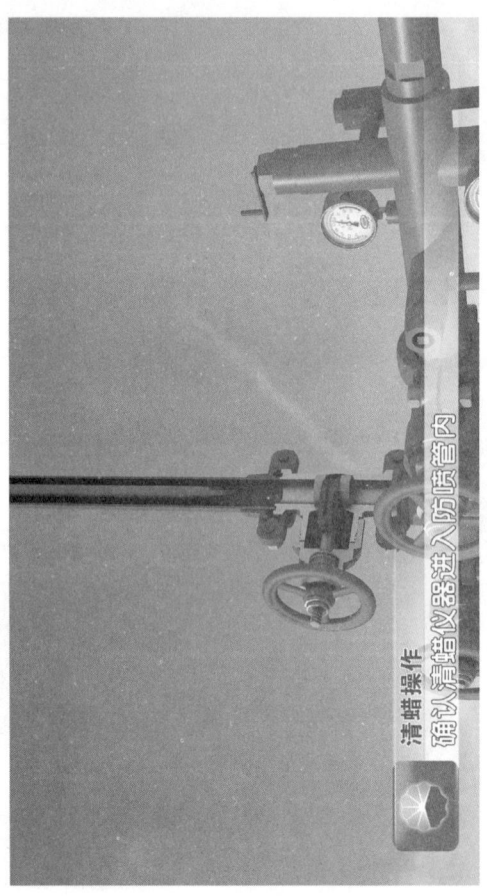

清蜡操作：确认清蜡仪器进入防喷管内

(23)完全关闭清蜡阀门。

(24)放置污油回收桶,将防喷管放空阀门打开,放至无压,关闭放空阀门。

(25) 卸下防喷管清蜡堵头，取出刮蜡器。

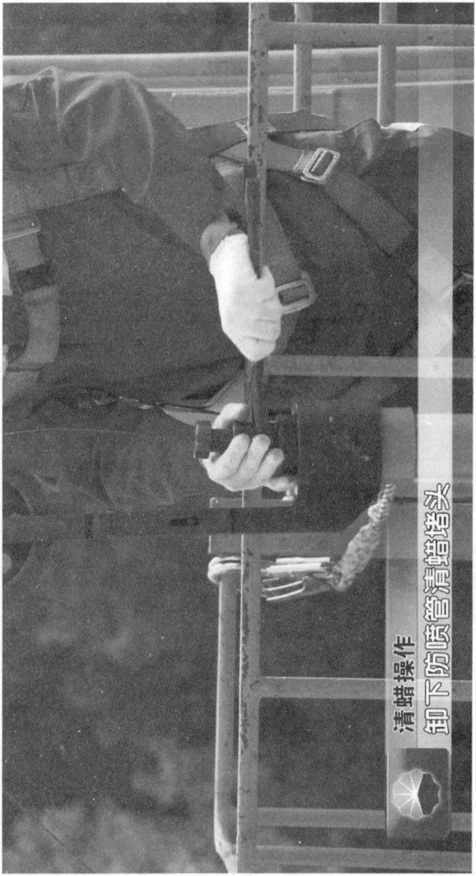

(26)根据清蜡遇阻情况调整刮蜡器直径,直至最大直径,重复刮蜡操作。

操作步骤

(27) 卸下清蜡滑轮,安装防喷管堵头。

清蜡操作
卸下清蜡滑轮
安装防喷管堵头

(28) 记录油压、回压、套压、三相运行电流、刮蜡深度等资料。

操作步骤

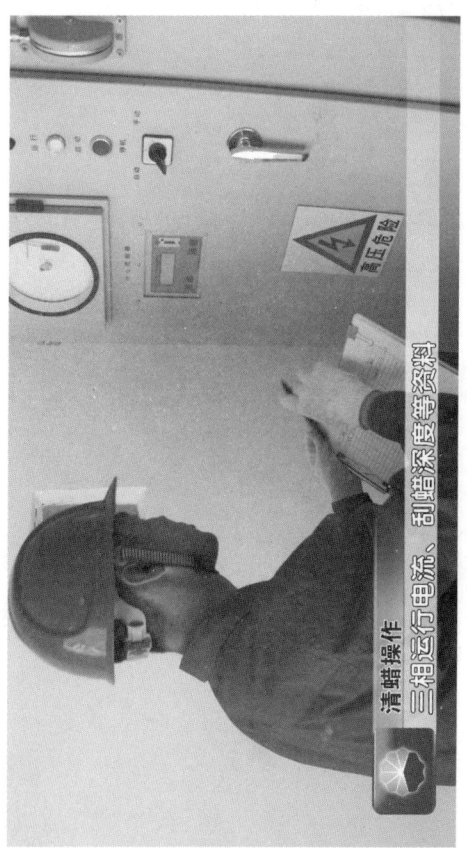

清蜡操作
三相运行电流、刮蜡深度等资料

(29) 收拾工具，清理现场。

安全风险提示

(1) 开关井口阀门必须侧身操作。

电动潜油泵井机械清蜡操作

(2) 卸防喷管堵头时应确保防喷管内无压力。

安全风险提示
(2) 卸防喷管堵头时应确保防喷管内无压力

(3) 清蜡操作时,无特殊情况,禁止停止电动潜油泵。

（4）操作控制柜前，必须戴高压绝缘手套对控制柜箱体进行验电并确认无电，防止发生触电事故，造成人身伤害。

安全风险提示
必须戴高压绝缘手套对控制柜箱体进行验电

安全风险提示

(5) 高压验电器须检验合格,高压绝缘手套须在有效期内。

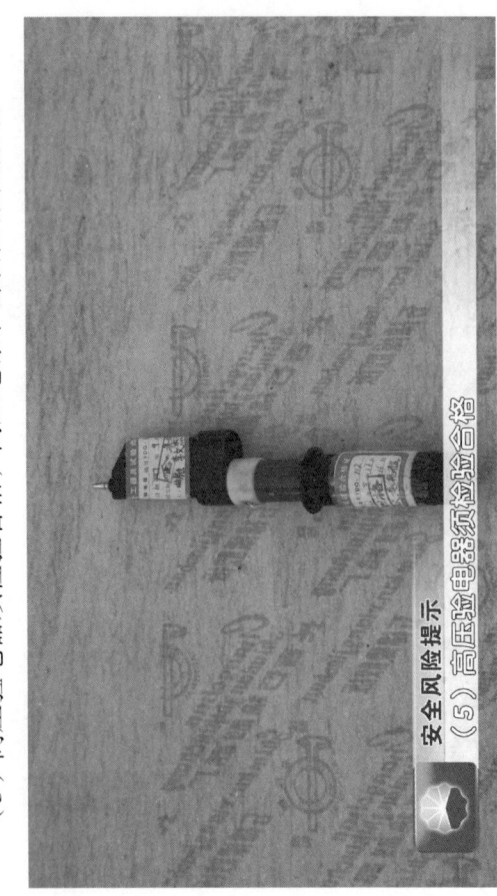

安全风险提示
(5) 高压验电器须检验合格

试 题

一、选择题（不限单选）

1. 机械清蜡操作时，根据（　　）深度确定清蜡深度。

A. 测压阀或泄油阀　B. 单流阀

C. 离心泵　　　　　D. 人工井底

2. 机械清蜡操作时，一般应将清蜡车停放在（　　）。

A. 距井口 5~10m 的上风位置

B. 距井口 20~30m 的上风位置

C. 距井口 5~10m 的下风位置

D. 距井口 20~30m 的下风位置

3. 机械清蜡操作时，刮蜡器下放速度一般应保持在（　　）。

A. 10m/min 以内　　B. 30m/min 以内

C. 60m/min 以内　　D. 120m/min 以内

4. 机械清蜡操作时，当刮蜡器下到确定的清蜡深度后，一般应停（　　）min，以便将刮蜡器上的蜡冲掉，防止上起时顶钻。

A. 5　　　　　　　B. 10

C. 15　　　　　　 D. 30

5. 机械清蜡操作上提刮蜡器时，距离井口（　　）时减速上提；距离井口（　　）时停下绞车，手摇绞车将刮蜡器提入到防喷管内。

A. 200m，100m　　B. 200m，50m

C. 80m，50m　　　D. 80m，20m

6. 机械清蜡操作下探闸板时，一般将清蜡阀门关闭（　　）。

A. $\frac{1}{4}$　　　　　　　B. $\frac{1}{3}$

C. $\frac{2}{3}$　　　　　　　D. $\frac{3}{4}$

7. 机械清蜡操作前，应记录（　　）。

A. 油压　　　　　　B. 回压

C. 套压　　　　　　D. 三相运行电流

二、判断题

1. 机械清蜡操作前,应对防喷管进行放空。(　)

2. 机械清蜡操作时,下探闸板的目的是确认清蜡仪器是否进入防喷管内。(　)

3. 机械清蜡的目的是清除依附在油管内壁的蜡质,降低液流阻力。(　)

试题参考答案

一、选择题

题号	1	2	3	4	5	6	7
答案	A	B	C	C	D	C	ABCD

二、判断题

题号	1	2	3
答案	√	√	√

《电动潜油泵井标准化操作》

分册序号	分册书名
1	启动、停止电动潜油泵操作
2	电动潜油泵井巡回检查操作
3	电动潜油泵井油嘴调节操作
4	电动潜油泵井机械清蜡操作
5	电动潜油泵井更换电流卡片操作
6	检查并调整电动潜油泵井过、欠载电流保护值操作
7	电动潜油泵井井口热洗操作
8	电动潜油泵井更换压力表操作
9	电动潜油泵井投产操作

采油工安全生产标准化操作丛书

中国石油人事部
中国石油勘探与生产分公司 编

电动潜油泵井标准化操作 5

电动潜油泵井更换电流卡片操作

石油工业出版社

图书在版编目（CIP）数据

电动潜油泵井标准化操作 / 中国石油人事部，中国石油勘探与生产分公司编 . — 北京：石油工业出版社，2018.11

（采油工安全生产标准化操作丛书）

ISBN 978-7-5183-3019-5

Ⅰ.①电… Ⅱ.①中… ②中… Ⅲ.①电动潜油泵-技术操作规程 Ⅳ.① TE933-65

中国版本图书馆 CIP 数据核字（2018）第 256866 号

出版发行：石油工业出版社
（北京安定门外安华里 2 区 1 号楼 100011）
网　址：www.petropub.com
编辑部：（010）64523712
图书营销中心：（010）64523633
经　销：全国新华书店
印　刷：北京中石油彩色印刷有限责任公司

2018 年 11 月第 1 版　2018 年 11 月第 1 次印刷
880×1230 毫米　开本：1/64　印张：8.8125
字数：88 千字

定价：135.00 元（全 9 册）
（如出现印装质量问题，我社图书营销中心负责调换）
版权所有，翻印必究

《采油工安全生产标准化操作丛书》
编委会

主　　　任：吴　奇

副　主　任：黄　革　　郑新权　　万　军

执行副主任：王渝明　　张守良　　郝庆华

　　　　　　王子云　　张　超　　赵捍军

委　员：姜宝山　王　林　于胜泓　章卫兵　董洪亮

　　　　王松波　吴景刚　全海涛　李亚鹏　范　猛

　　　　王玉琢　杨　东　吴成龙　张万福　杨海波

　　　　周　燕　侯继波　柴方源　祝汉强　肖长军

　　　　赵　伟　卢盛红　朱继红　宋伟光　尹前进

　　　　王海波　袁　月　王鹏飞　张　利　邓　钢

　　　　吴文君　高　媛

《电动潜油泵井标准化操作 5 电动潜油泵井更换电流卡片操作》编委会

主　编：吴　奇

副主编：陈　溪　罗　吉　王海波

委　员：郑焕军　张学斌　饶　华

　　　　张志宇　任立新　梁　猛

　　　　李欣宇　肖荣鑫　张向宇

开发单位

中国石油天然气股份有限公司勘探与生产分公司

大庆油田有限责任公司人事部(党委组织部)

大庆油田有限责任公司开发部

大庆油田有限责任公司质量安全环保部

大庆油田有限责任公司第二采油厂

大庆油田有限责任公司第四采油厂

大庆油田有限责任公司第六采油厂

大庆油田有限责任公司文化集团

大庆油田有限责任公司人才开发院

大庆油田有限责任公司大庆医学高等专科学校

合作单位

长庆油田分公司

辽河油田分公司

新疆油田分公司

大港油田分公司

华北油田分公司

石油工业出版社

FOREWORD 序

"求木之长者,必固其根本;欲流之远者,必浚其泉源。"2017年,党中央、国务院印发了《新时期产业工人队伍建设改革方案》,明确指出,产业工人是工人阶级中发挥支撑作用的主体力量,是创造社会财富的中坚力量,是创新驱动发展的骨干力量,是实施制造强国战略的有生力量。同时提出,要造就一支有理想守信念、懂技术会创新、敢担当讲奉献的宏大的产业工人队伍。这充分体现了党和国家对产业工人队伍建设的关心支持。

中国石油牢固树立以人为本、质量至上、安全第一、环保优先的理念,坚持施行标准化操作作为保证安全生产、深化精细管理、实现

企业内涵发展的重要支撑。中国石油将提升员工技能水平作为抓好产业工人队伍建设的主攻方向,把标准化操作固化成基层单位和干部职工尤其是新员工的行为准则和工作标准,牢固树立"上标准岗、干标准活"的工作意识和理念,形成人人讲安全、人人会安全、人人都安全的良好局面。

守正笃实,久久为功。提升员工技能操作水平是一项长期而艰巨的任务,完善标准是基础,加强领导是保障,优化执行是根本。这需要大家积极推广标准化操作工作,不断加强和改进操作流程与标准,不断规范与完善标准化操作,引导广大员工全面提升对标准化操作的认知度,全面提升标准化操作执行力,规范本质化安全行为,推进各项工作上水平。

中国石油人事部和中国石油勘探与生产分公司共同组织编写的《采油工安全生产标准化

操作丛书》及配套的视频课件,包含中国石油各油气田单位通用性的140个基本操作,具有开发标准高、内容全面、注重安全风险、应用范围广、培训效果突出等方面优点。相对应的视频课件利用三维动画技术,通过分解、剖切等方式展示常规不可见的设备内部结构,让员工学习起来更加直观,是一套"看得懂、学得会、易掌握"的实用教材,真正做到了将"技术有形化",填补了中国石油安全生产操作培训课件方面的空白,为进一步提升操作员工整体素质提供有力支撑。

目前,跨国公司员工培训已经进入了"互联网+培训"的员工混合式培训阶段,以多终端应用设备为载体,展现多种资源,结合线下培训和社区化学习模式,以网络化应用进行培训评估,实现可规划路径的人才发展优化培训。这套丛书从生产实际出发,以满足需求为导向,

以促进员工养成标准化操作习惯为目标,实践性和针对性都很强。同时,大批专家的参与写作使教材的权威性有了保证。丛书配套的视频课件可以满足石油员工远程移动学习,也可以满足员工单机高清自学和集中学习。这样就形成了三位一体的员工培训模式,逐步迈入员工混合式培训阶段。希望这套丛书的出版发行,能为促进中国石油员工培训工作的深入开展,为促进员工操作技能水平的不断提升,为推动油气主业高质量发展,为实现中国石油建成世界一流综合性国际能源公司作出积极贡献。

中国石油天然气集团有限公司
总经理助理、人事部总经理　刘志华

PREFACE 前言

采油工是油田企业主体关键工种之一,在中国石油操作类员工中占比较大,采油工技能水平的高低,对油田的安全平稳生产起到至关重要的作用。为进一步提高采油工的基本素质和业务技能水平,中国石油人事部和中国石油勘探与生产分公司于2016年联合启动了采油工安全生产标准化操作视频培训课件开发项目,成立了课件编委会,委托大庆油田公司负责课件具体编制工作,并确定长庆、辽河、新疆、大港、华北5家油田公司和石油工业出版社,共同配合大庆油田做好视频培训课件编制工作。

课件开发过程中,大庆油田高度重视,按照"实际、实用、实效"的原则,专门成立了

课件开发工作领导组,组织公司人事部、开发部、安全环保部、第二采油厂、第四采油厂等9个部门和二级单位共同参与,共计抽调了100余名专家参与项目的研发设计。勘探与生产分公司加强过程监督和质量把控,针对开发方案、课件脚本、制作标准、课件样片等内容,按照不同工作节点先后组织三次大的集中审核会议,邀请中国石油各油田行业专家建言献策,为提高课件的通用性和实用性奠定坚实基础。大庆油田按照总体工作要求,历时两年,完成了视频培训课件的编制任务,并同步完成《采油工安全生产标准化操作丛书》的编写工作。本套丛书紧贴油田生产实际,以采油工岗位职责为依据,包含《安全防护用具使用》《工具、用具、量具使用》《采油工艺简介》《抽油机井标准化操作》《电动潜油泵井标准化操作》《电动螺杆泵井标准化操作》《注水井标准化操作》

《计量间标准化操作》《抽油机井生产故障分析与处理》《电动潜油泵井生产故障分析与处理》《电动螺杆泵井生产故障分析与处理》《注水井生产故障分析与处理》《计量间生产故障分析与处理》《现场应急救护》,共 14 种 140 个分册。本套丛书具有突出的实用性和规范性特点,可广泛用于新员工岗前培训、日常岗位练兵、鉴定考前培训、师徒帮带、技能竞赛等学习培训活动。

希望本套丛书能够为各石油企业提供借鉴,为今后采油工岗位培训的扎实有效开展提供有力保障。由于各油田在采油工艺、设备等方面存在差异性,书中难免有不足之处,敬请读者批评指正。

编者
2018 年 8 月

C<small>ONTENTS</small> 目录

项目说明 1

参考标准 2

操作流程 3

所需工用具 8

操作步骤 12

安全风险提示 25

试题 30

试题参考答案 32

项目说明

电流卡片用来连续记录电动潜油泵的运行电流,电流卡片绘制的运行电流曲线可体现电动潜油泵的运行状况,为参数调整及故障诊断处理提供依据。根据实际情况,电流卡片的记录周期可设置为 1 天或 7 天,应按时更换电流卡片,并填写卡片信息。

参考标准

Q/SY DQ0804—2013《采油岗位操作程序及要求》

操作流程

1. 准备工作

电动潜油泵井更换电流卡片操作

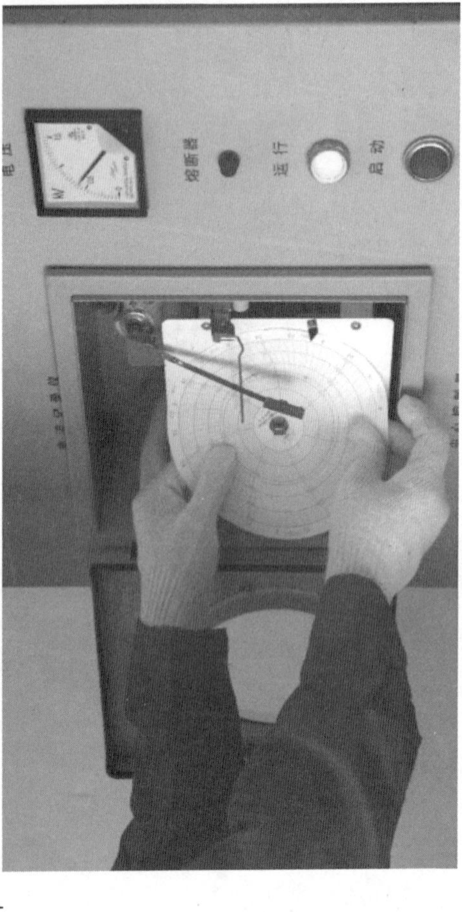

2. 更换电流卡片

3. 记录数据

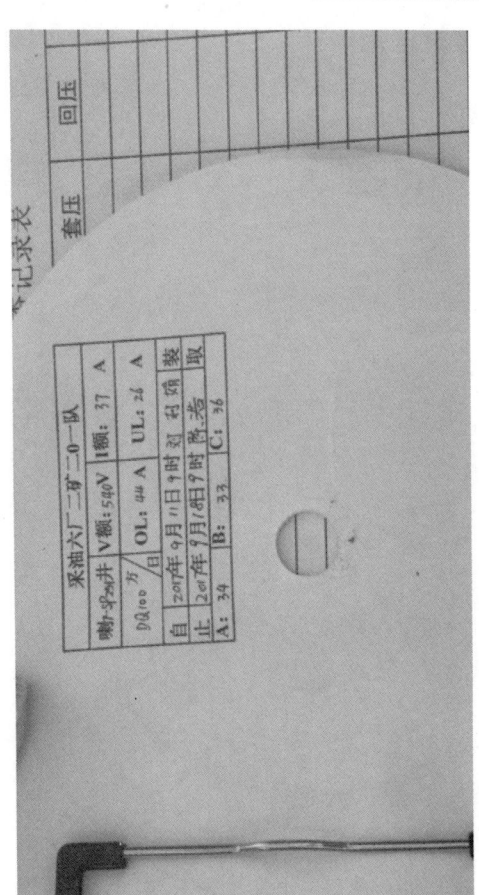

4. 清理现场

操作由1人完成，操作前正确穿戴好劳动保护用品。

所需工用具

(1) 高压验电器 1 支。

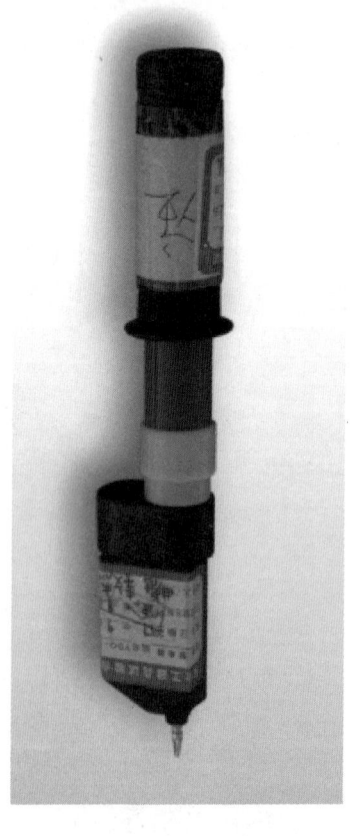

所需工用具

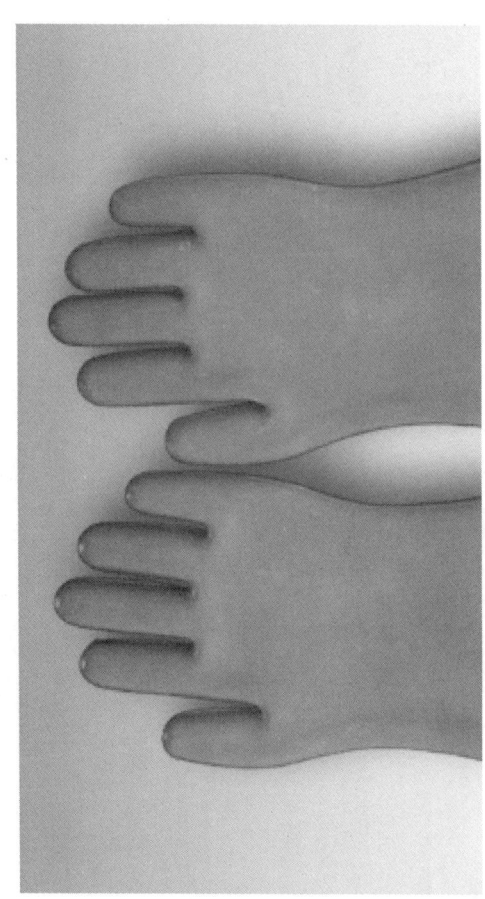

(2) 高压绝缘手套 1 副。

（3）电流卡片 1 张。

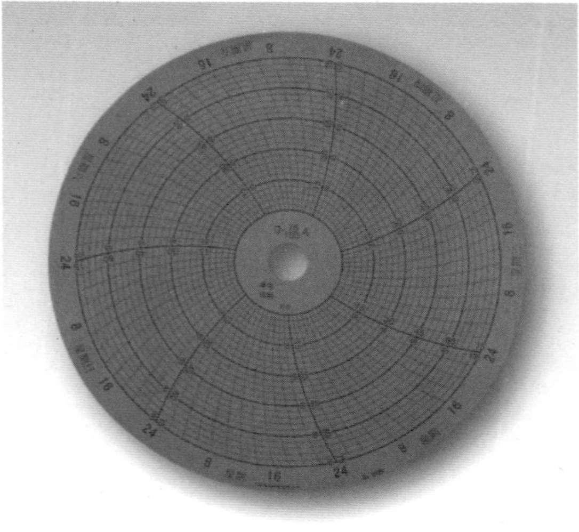

所需工用具

(4) 记录本、记录笔。

操作步骤

(1) 操作时站在控制柜前绝缘垫上。

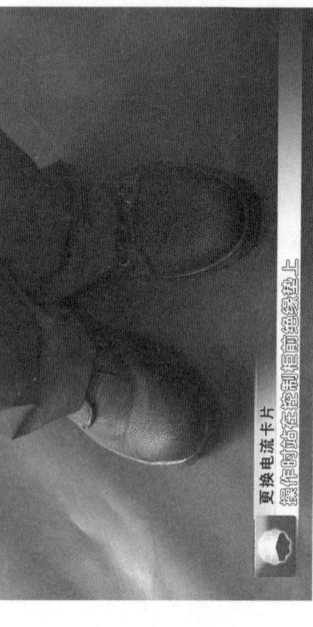

操作步骤

(2) 戴好高压绝缘手套,用高压验电器对控制柜柜体进行验电,确认控制柜箱体无电。

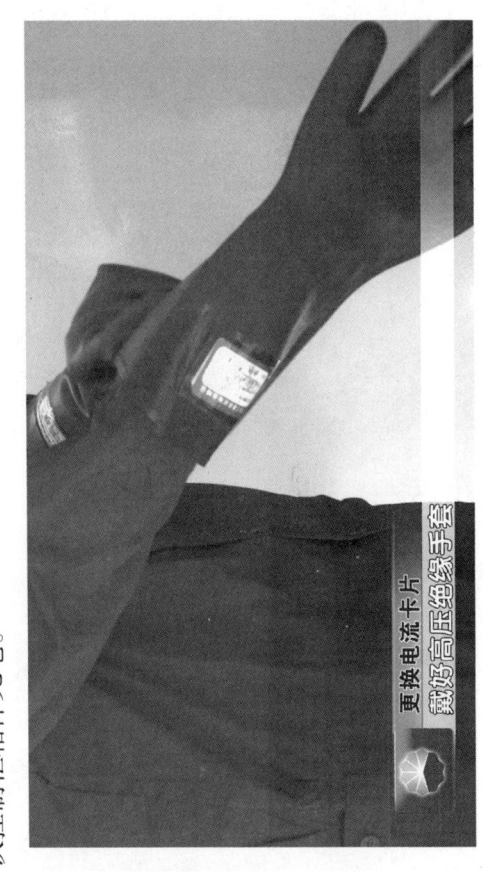

电动潜油泵井更换电流卡片操作

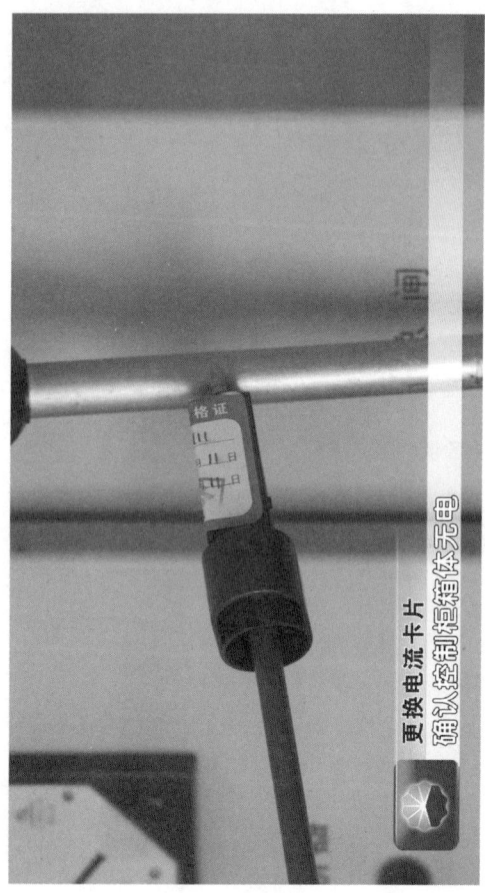

(3) 打开记录仪门,抬起记录笔杆。

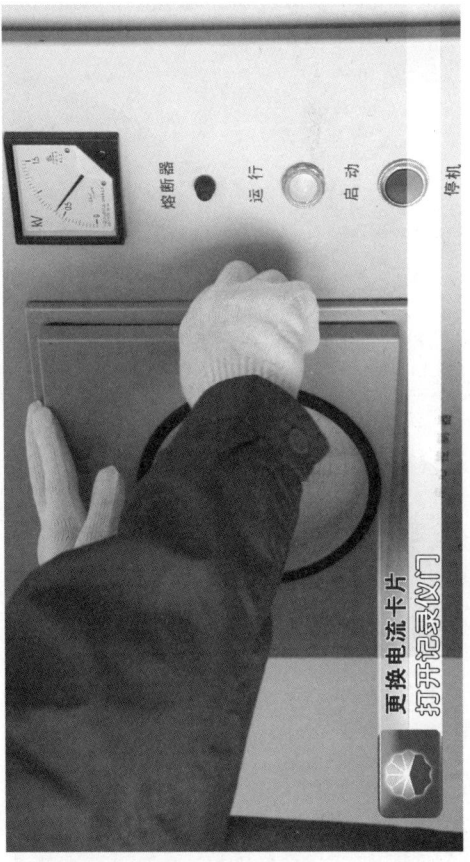

电动潜油泵井更换电流卡片操作

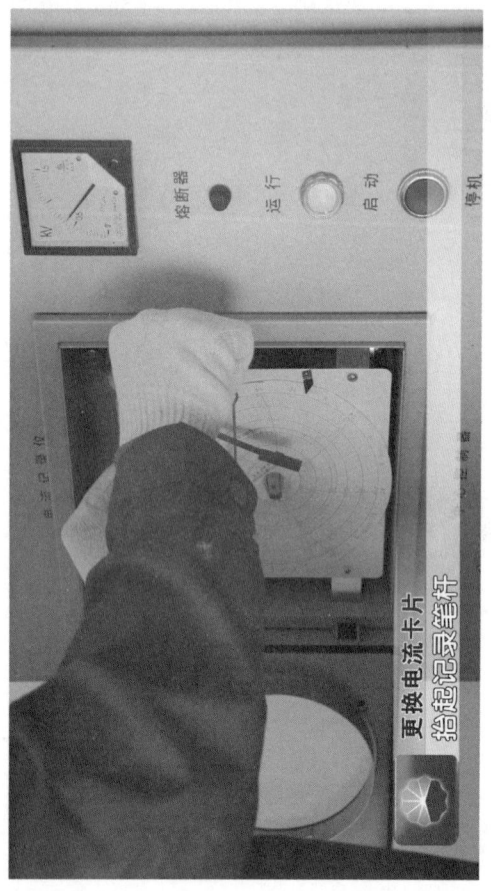

更换电流卡片
抬起记录笔杆

操作步骤

(4) 抬起电流卡片锁卡,取下原卡片。

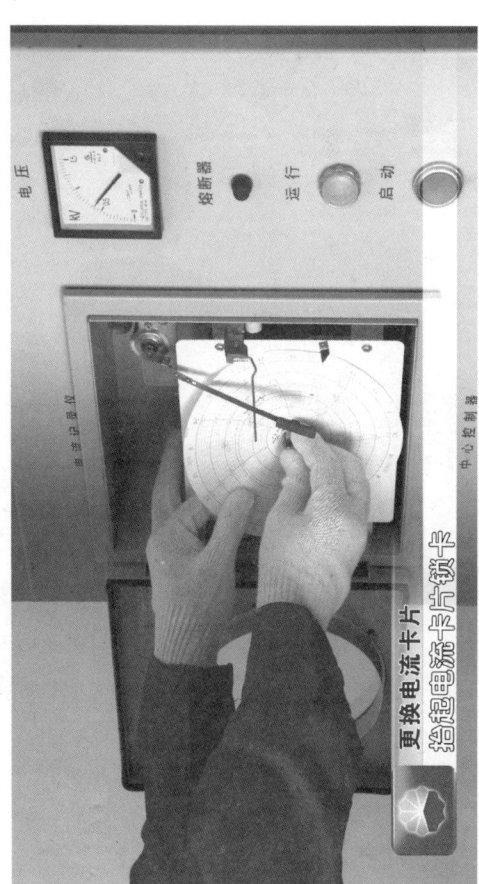

(5) 填写原卡片的取卡日期、时间、三相电流值、操作人。

井号	喇7-8P251		
投产日期	2014.5.14	欠载（A）	27
泵型 (m³/d)	100	过载（A）	44
额定 电流（A）	37	三相电	A / B / C
额定 电压（V）	540	流（A）	34 / 33 / 35
取卡时间	2017.9.17-10:00	操作人	陈沙

记录数据
填写原卡片的取卡日期、时间

(6)填写新卡片的安装日期、时间,并标注变比和起止线。

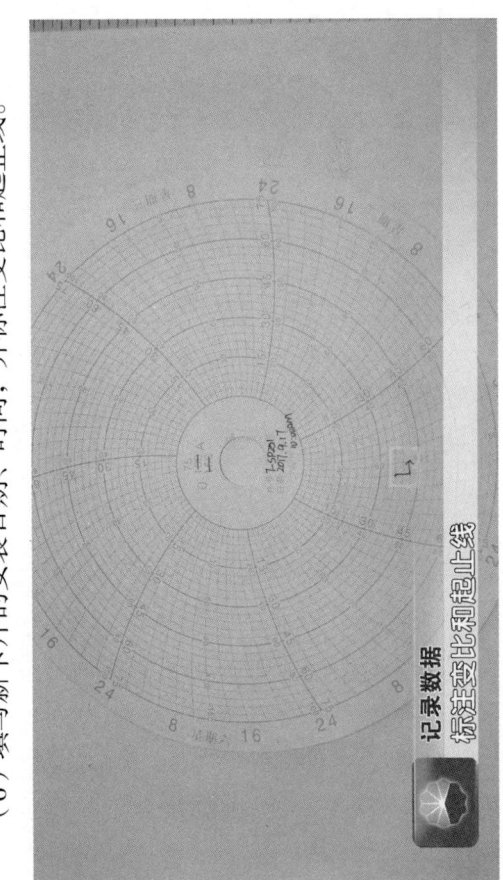

电动潜油泵井更换电流卡片操作

（7）将新的电流卡片装入记录仪卡片转轴上，记录笔对准放到更换日期与时间的起点处。

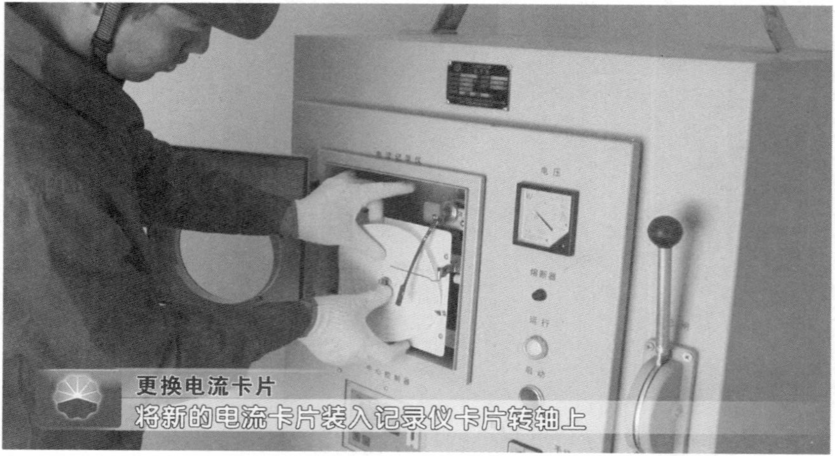

更换电流卡片

将新的电流卡片装入记录仪卡片转轴上

操作步骤

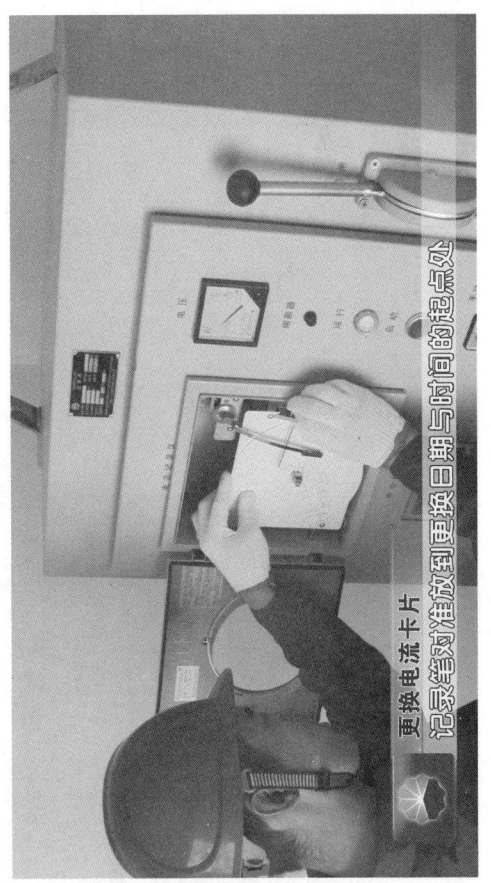

更换电流卡片
记录笔对准放到更换日期与时间的起点处

电动潜油泵井更换电流卡片操作

(8) 将卡片锁卡按下,关上记录仪门。

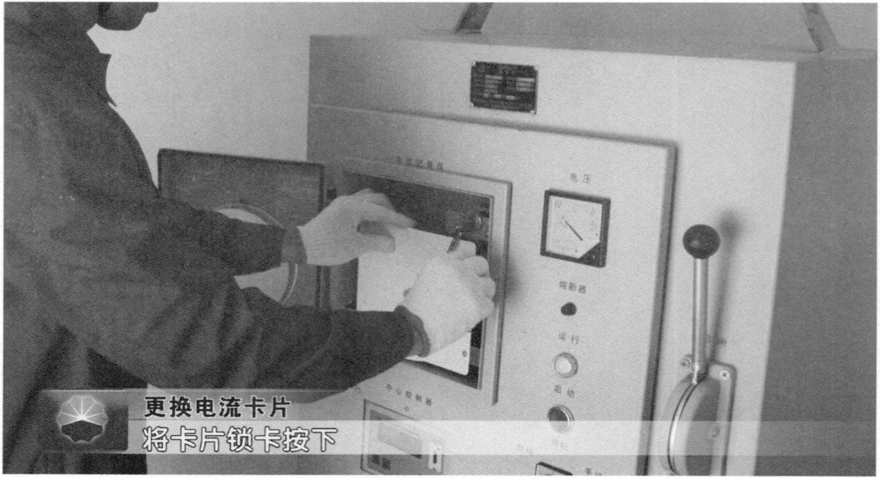

操作步骤

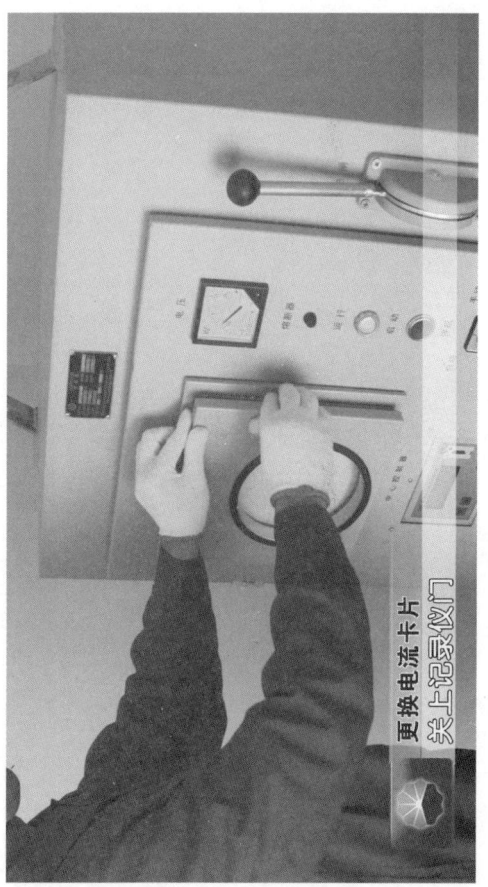

更换电流卡片与记录纸

电动潜油泵井更换电流卡片操作

(9) 收拾工具,清理现场。

安全风险提示

(1) 操作时要站在控制柜前绝缘垫上。

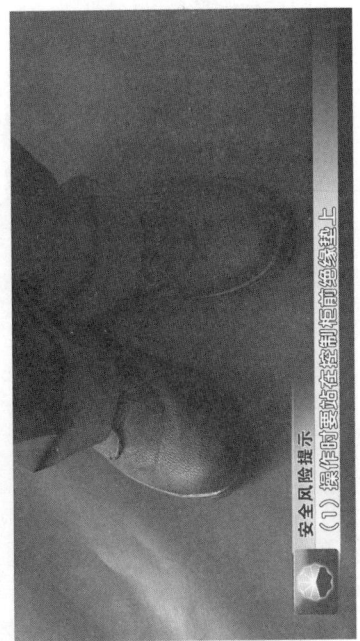

安全风险提示
(1) 操作时要站在控制柜前绝缘垫上

电动潜油泵井更换电流卡片操作

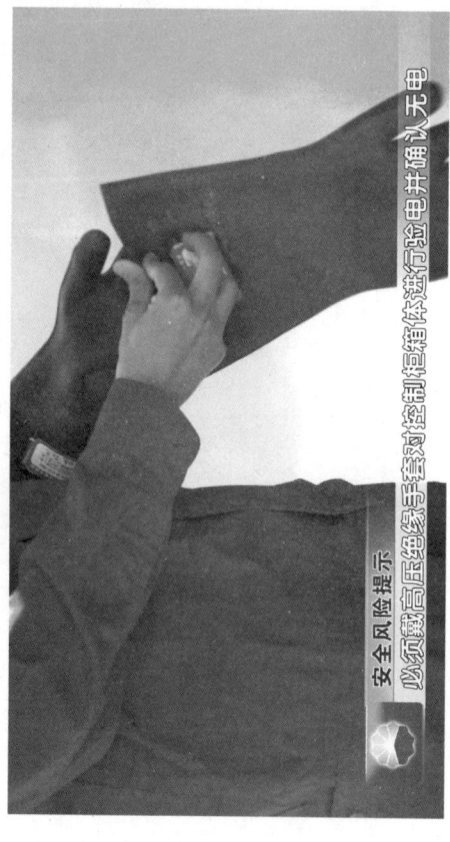

安全风险提示
必须戴高压绝缘手套对控制柜箱体进行验电并确认无电

（2）操作控制柜前，必须戴高压绝缘手套对控制柜箱体进行验电并确认无电，防止发生触电事故，造成人身伤害。

安全风险提示

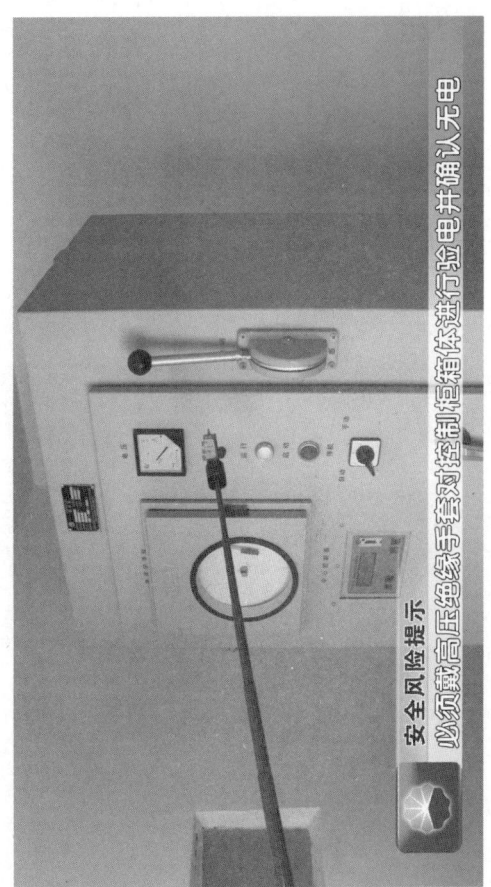

安全风险提示
必须戴高压绝缘手套对控制柜柜体进行验电并确认无电

电动潜油泵井更换电流卡片操作

(3) 高压验电器检验合格，高压绝缘手套须在有效期内。

安全风险提示
(3) 高压验电器须检验合格

安全风险提示

试 题

一、选择题（不限单选）

1. 电流卡片的记录周期可设置为（　）。

A. 1d 或 7d

B. 1d 或 10d

C. 7d 或 10d

D. 7d 或 30d

2. 更换电流卡片前，应填写原卡片的（　）。

A. 取卡日期

B. 取卡时间

C. 三相电流值

D. 操作人

3. 更换电流卡片后，应填写新卡片的（　）。

A. 安装日期

B. 安装时间

C. 标注变比

D. 标注起止线

二、判断题

1. 更换电流卡片前,应对控制柜体进行验电。( )

试题参考答案

一、选择题

题号	1	2	3
答案	A	ABCD	ABCD

二、判断题

题号	1
答案	√

《电动潜油泵井标准化操作》

分册序号	分册书名
1	启动、停止电动潜油泵操作
2	电动潜油泵井巡回检查操作
3	电动潜油泵井油嘴调节操作
4	电动潜油泵井机械清蜡操作
5	电动潜油泵井更换电流卡片操作
6	检查并调整电动潜油泵井过、欠载电流保护值操作
7	电动潜油泵井井口热洗操作
8	电动潜油泵井更换压力表操作
9	电动潜油泵井投产操作

采油工安全生产标准化操作丛书

中国石油人事部
中国石油勘探与生产分公司 编

电动潜油泵井标准化操作 6

检查并调整电动潜油泵井过、欠载电流保护值操作

石油工业出版社

图书在版编目（CIP）数据

电动潜油泵井标准化操作/中国石油人事部，中国石油勘探与生产分公司编. —北京：石油工业出版社，2018.11

（采油工安全生产标准化操作丛书）

ISBN 978-7-5183-3019-5

Ⅰ.①电⋯ Ⅱ.①中⋯ ②中⋯ Ⅲ.①电动潜油泵–技术操作规程 Ⅳ.① TE933-65

中国版本图书馆CIP数据核字（2018）第256866号

出版发行：石油工业出版社
（北京安定门外安华里2区1号楼 100011）
网　　址：www.petropub.com
编辑部：（010）64523712
图书营销中心：（010）64523633
经　　销：全国新华书店
印　　刷：北京中石油彩色印刷有限责任公司

2018年11月第1版　2018年11月第1次印刷
880×1230毫米　开本：1/64　印张：8.8125
字数：88千字

定价：135.00元（全9册）
（如出现印装质量问题，我社图书营销中心负责调换）
版权所有，翻印必究

《采油工安全生产标准化操作丛书》
编委会

主　　　　任：吴　奇

副　主　任：黄　革　　郑新权　　万　军

执 行 副 主 任：王渝明　　张守良　　郝庆华

　　　　　　　　王子云　　张　超　　赵捍军

委员：姜宝山　王　林　于胜泓　章卫兵　董洪亮

　　　王松波　吴景刚　全海涛　李亚鹏　范　猛

　　　王玉琢　杨　东　吴成龙　张万福　杨海波

　　　周　燕　侯继波　柴方源　祝汉强　肖长军

　　　赵　伟　卢盛红　朱继红　宋伟光　尹前进

　　　王海波　袁　月　王鹏飞　张　利　邓　钢

　　　吴文君　高　媛

《电动潜油泵井标准化操作 6 检查并调整电动潜油泵井 过、欠载电流保护值操作》编委会

主　　编：吴　奇

副主编：陈　溪　朱锦峰　张向宇

委　　员：郑焕军　张学斌　饶　华

　　　　　张志宇　任立新　梁　猛

　　　　　李欣宇　张海潮　吴秀范

开发单位

中国石油天然气股份有限公司勘探与生产分公司

大庆油田有限责任公司人事部(党委组织部)

大庆油田有限责任公司开发部

大庆油田有限责任公司质量安全环保部

大庆油田有限责任公司第二采油厂

大庆油田有限责任公司第四采油厂

大庆油田有限责任公司第六采油厂

大庆油田有限责任公司文化集团

大庆油田有限责任公司人才开发院

大庆油田有限责任公司大庆医学高等专科学校

合作单位

长庆油田分公司

辽河油田分公司

新疆油田分公司

大港油田分公司

华北油田分公司

石油工业出版社

FOREWORD 序

"求木之长者，必固其根本；欲流之远者，必浚其泉源。"2017年，党中央、国务院印发了《新时期产业工人队伍建设改革方案》，明确指出，产业工人是工人阶级中发挥支撑作用的主体力量，是创造社会财富的中坚力量，是创新驱动发展的骨干力量，是实施制造强国战略的有生力量。同时提出，要造就一支有理想守信念、懂技术会创新、敢担当讲奉献的宏大的产业工人队伍。这充分体现了党和国家对产业工人队伍建设的关心支持。

中国石油牢固树立以人为本、质量至上、安全第一、环保优先的理念，坚持施行标准化操作作为保证安全生产、深化精细管理、实现

企业内涵发展的重要支撑。中国石油将提升员工技能水平作为抓好产业工人队伍建设的主攻方向，把标准化操作固化成基层单位和干部职工尤其是新员工的行为准则和工作标准，牢固树立"上标准岗、干标准活"的工作意识和理念，形成人人讲安全、人人会安全、人人都安全的良好局面。

守正笃实，久久为功。提升员工技能操作水平是一项长期而艰巨的任务，完善标准是基础，加强领导是保障，优化执行是根本。这需要大家积极推广标准化操作工作，不断加强和改进操作流程与标准，不断规范与完善标准化操作，引导广大员工全面提升对标准化操作的认知度，全面提升标准化操作执行力，规范本质化安全行为，推进各项工作上水平。

中国石油人事部和中国石油勘探与生产分公司共同组织编写的《采油工安全生产标准化

操作丛书》及配套的视频课件,包含中国石油各油气田单位通用性的 140 个基本操作,具有开发标准高、内容全面、注重安全风险、应用范围广、培训效果突出等方面优点。相对应的视频课件利用三维动画技术,通过分解、剖切等方式展示常规不可见的设备内部结构,让员工学习起来更加直观,是一套"看得懂、学得会、易掌握"的实用教材,真正做到了将"技术有形化",填补了中国石油安全生产操作培训课件方面的空白,为进一步提升操作员工整体素质提供有力支撑。

目前,跨国公司员工培训已经进入了"互联网+培训"的员工混合式培训阶段,以多终端应用设备为载体,展现多种资源,结合线下培训和社区化学习模式,以网络化应用进行培训评估,实现可规划路径的人才发展优化培训。这套丛书从生产实际出发,以满足需求为导向,

以促进员工养成标准化操作习惯为目标,实践性和针对性都很强。同时,大批专家的参与写作使教材的权威性有了保证。丛书配套的视频课件可以满足石油员工远程移动学习,也可以满足员工单机高清自学和集中学习。这样就形成了三位一体的员工培训模式,逐步迈入员工混合式培训阶段。希望这套丛书的出版发行,能为促进中国石油员工培训工作的深入开展,为促进员工操作技能水平的不断提升,为推动油气主业高质量发展,为实现中国石油建成世界一流综合性国际能源公司作出积极贡献。

中国石油天然气集团有限公司
总经理助理、人事部总经理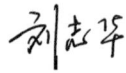

Preface 前言

采油工是油田企业主体关键工种之一,在中国石油操作类员工中占比较大,采油工技能水平的高低,对油田的安全平稳生产起到至关重要的作用。为进一步提高采油工的基本素质和业务技能水平,中国石油人事部和中国石油勘探与生产分公司于2016年联合启动了采油工安全生产标准化操作视频培训课件开发项目,成立了课件编委会,委托大庆油田公司负责课件具体编制工作,并确定长庆、辽河、新疆、大港、华北5家油田公司和石油工业出版社,共同配合大庆油田做好视频培训课件编制工作。

课件开发过程中,大庆油田高度重视,按照"实际、实用、实效"的原则,专门成立了

课件开发工作领导组,组织公司人事部、开发部、安全环保部、第二采油厂、第四采油厂等9个部门和二级单位共同参与,共计抽调了100余名专家参与项目的研发设计。勘探与生产分公司加强过程监督和质量把控,针对开发方案、课件脚本、制作标准、课件样片等内容,按照不同工作节点先后组织三次大的集中审核会议,邀请中国石油各油田行业专家建言献策,为提高课件的通用性和实用性奠定坚实基础。大庆油田按照总体工作要求,历时两年,完成了视频培训课件的编制任务,并同步完成《采油工安全生产标准化操作丛书》的编写工作。本套丛书紧贴油田生产实际,以采油工岗位职责为依据,包含《安全防护用具使用》《工具、用具、量具使用》《采油工艺简介》《抽油机井标准化操作》《电动潜油泵井标准化操作》《电动螺杆泵井标准化操作》《注水井标准化操作》

《计量间标准化操作》《抽油机井生产故障分析与处理》《电动潜油泵井生产故障分析与处理》《电动螺杆泵井生产故障分析与处理》《注水井生产故障分析与处理》《计量间生产故障分析与处理》《现场应急救护》，共14种140个分册。本套丛书具有突出的实用性和规范性特点，可广泛用于新员工岗前培训、日常岗位练兵、鉴定考前培训、师徒帮带、技能竞赛等学习培训活动。

希望本套丛书能够为各石油企业提供借鉴，为今后采油工岗位培训的扎实有效开展提供有力保障。由于各油田在采油工艺、设备等方面存在差异性，书中难免有不足之处，敬请读者批评指正。

编者

2018年8月

Contents 目录

项目说明 1

参考标准 2

操作流程 3

所需工用具 9

操作步骤 11

安全风险提示 23

试题 28

试题参考答案 29

项目说明

为确保电动潜油泵的安全运行,需根据潜油电机技术规格及实际运行状况,对潜油电机过、欠载电流保护值进行设定并及时调整。过载电流保护值应按潜油电机额定电流的120%进行设定,欠载电流保护值应按三相运行电流最低相的80%进行设定,且不低于潜油电机空载电流。

参考标准

Q/SY DQ0804-2013《采油岗位操作程序及要求》

操作流程

该操作以 DBX-Ⅱ型中心控制器为例。

1. 准备工作

检查并调整电动潜油泵井过、欠载电流保护值操作

2. 核实运行电流数据

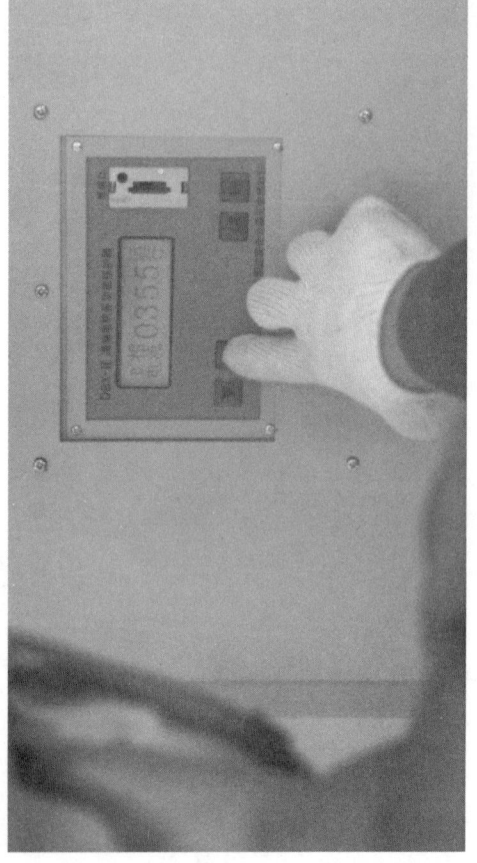

3. 调整过载电流保护值

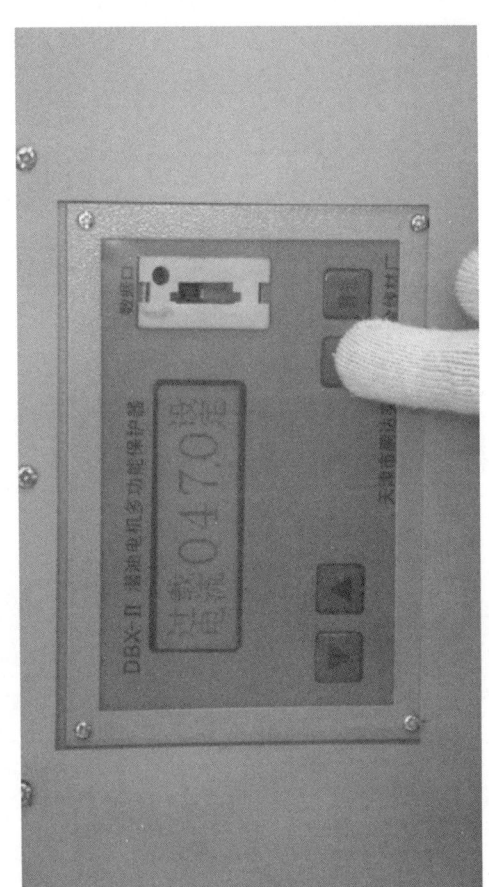

检查并调整电动潜油泵井过、欠载电流保护值操作

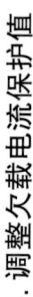

4. 调整欠载电流保护值

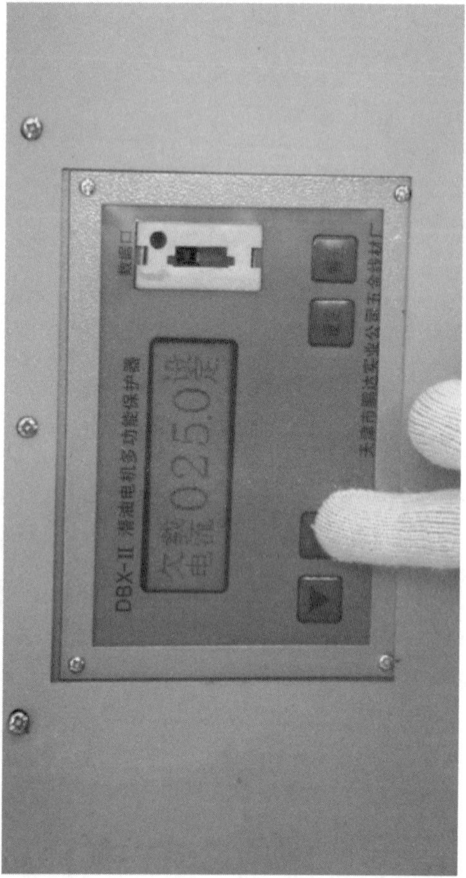

5. 清理现场

操作由 1 人完成,操作前正确穿戴好劳动保护用品。

检查并调整电动潜油泵井过、欠载电流保护值操作

所需工具

(1) 高压验电器 1 支。

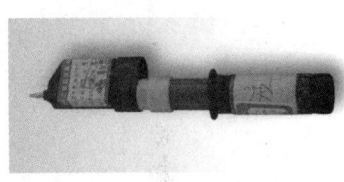

检查并调整电动潜油泵井过、欠载电流保护值操作

（2）高压绝缘手套 1 副。

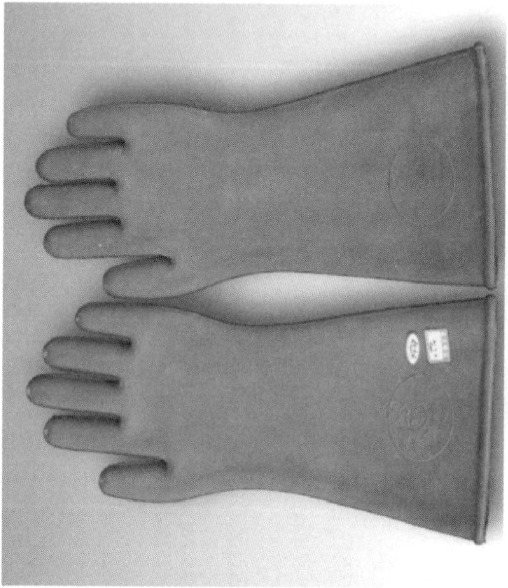

操作步骤

>>>>>>>

(1) 操作时站在控制柜前绝缘垫上。

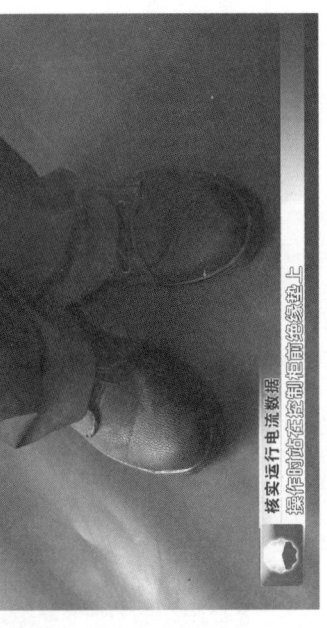

(2)戴好高压绝缘手套,用高压验电器对控制柜柜体进行验电,确认控制柜箱体无电。

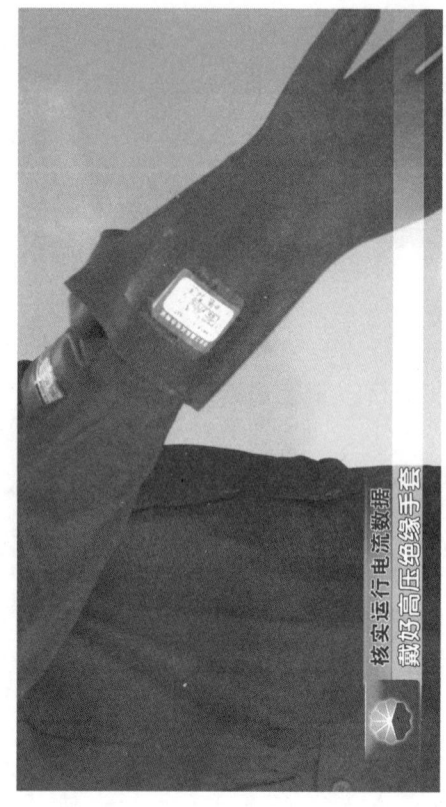

操作步骤

核实运行电流数据
用高压电器对控制柜体进行验电

— 13 —

检查并调整电动潜油泵井过、欠载电流保护值操作

(3) 核实三相运行电流。

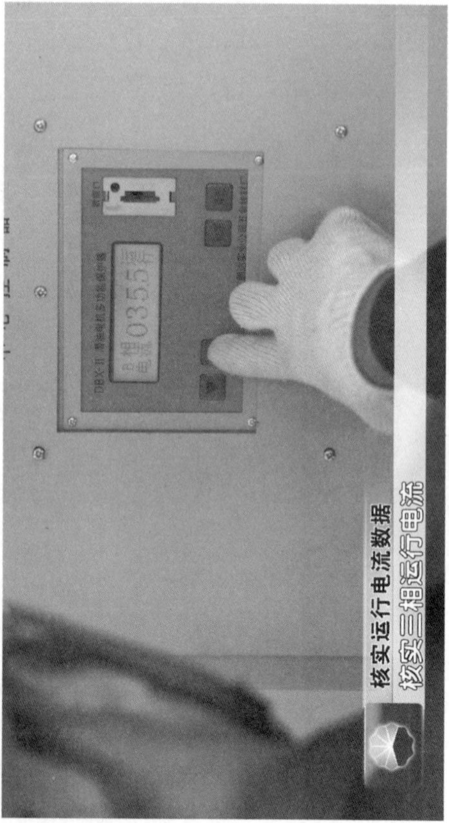

核实运行电流数据
核实三相运行电流

— 14 —

(4) 调整过载电流保护值：长按中心控制器上的设定键，进入设定状态，选择到过载设定菜单，按上键或下键调整过载电流保护值。

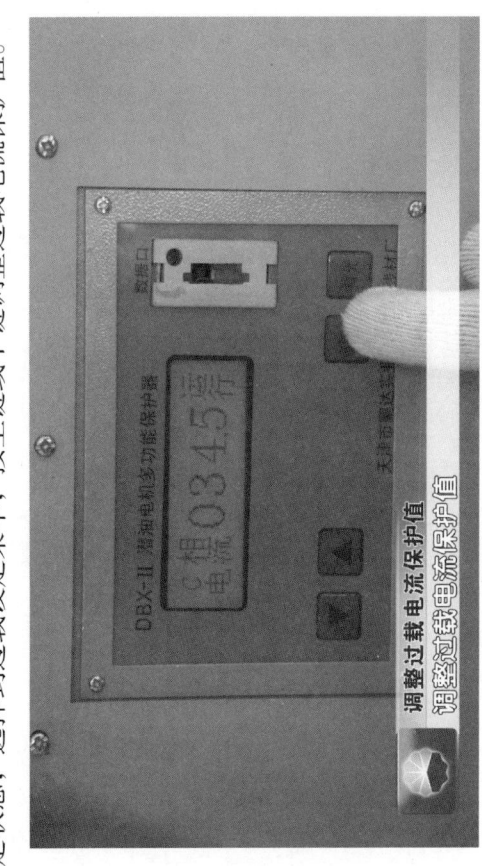

检查并调整电动潜油泵井过、欠载电流保护值操作

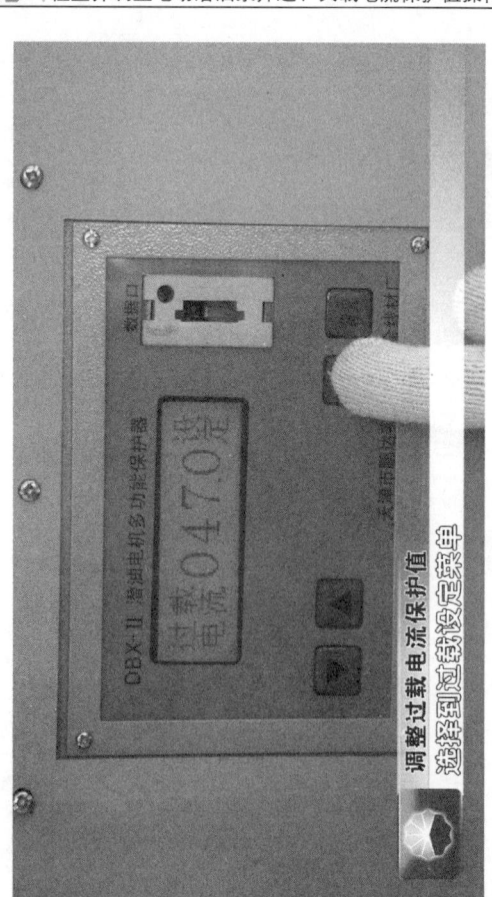

（5）过载电流保护值应调整为该井潜油电机额定电流值的 120%。

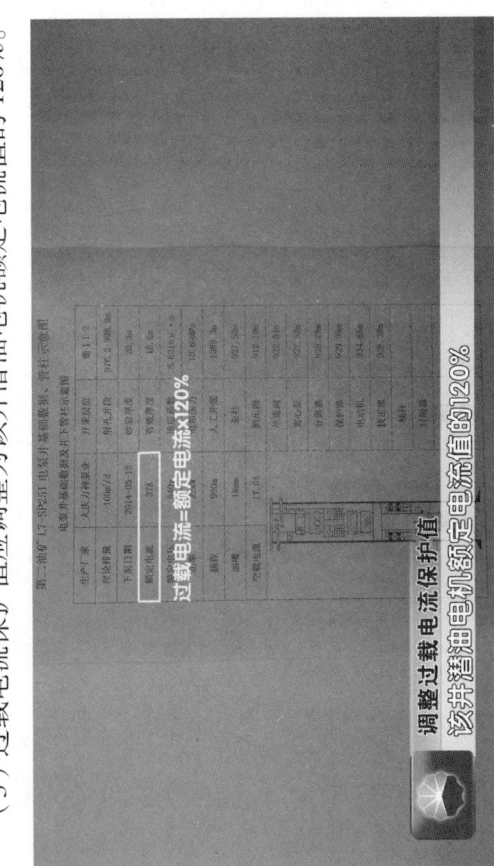

过载电流=额定电流×120%

调整过载电流保护值

该井潜油电机额定电流值的120%

检查并调整电动潜油泵井过、欠载电流保护值操作

(6) 调整欠载电流保护值：长按中心控制器上的设定键，进入设定状态，选择到欠载设定菜单，按上键或下键调整欠载电流保护值。

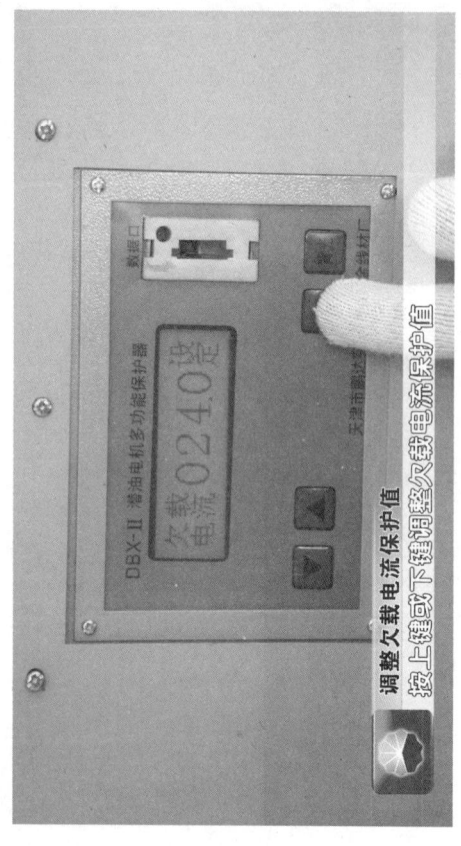

调整欠载电流保护值
按上键或下键调整欠载电流保护值

（7）欠载电流保护值应调整为该井三相运行电流最低相的80%，且不低于潜油电机空载电流。

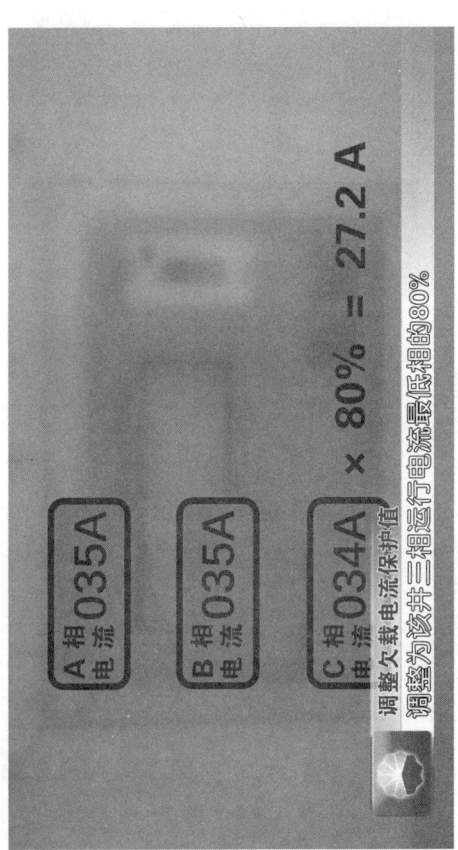

检查并调整电动潜油泵井过、欠载电流保护值操作

电阻	AB:1.063Ω			
	AB:1.065Ω			
绝缘电阻	>1000MΩ			不平衡率：0.188%
试验条件	空载功率	引线端子	合格	
空载试验	V0： 1174.33V f：50Hz P:7.4kW	空载电流 Ia: 17.7A Ib: 17.7A Ic: 17.7A	空载转速 f：50Hz n=2990or/min	滑行时间：3.8s 油品耐压：10kV/2.5mm1min 头部温度：74℃
运转：				
试验员签字：			资料员签字：	

调整欠载电流保护值
宜不低于潜油电机空载电流

(8) 调整完毕后,按设定键,返回原始操作界面。

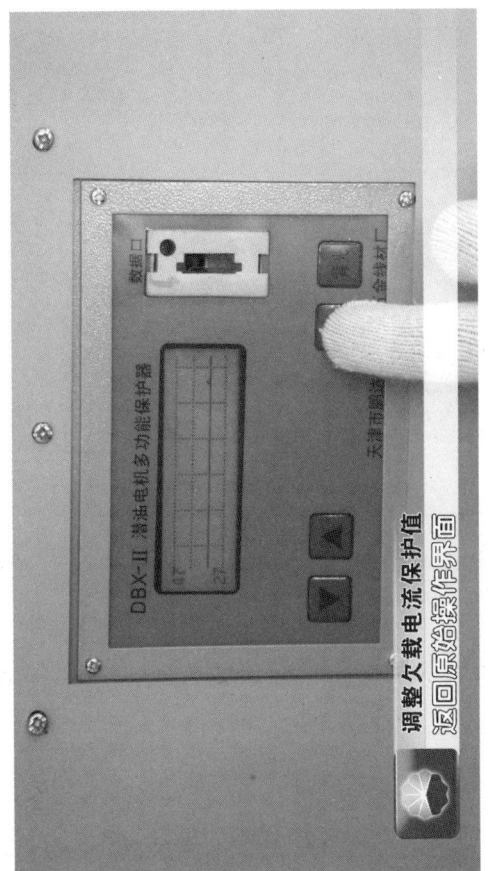

(9) 收拾工具,清理现场。

安全风险提示

(1) 操作时要站在控制柜前绝缘垫上。

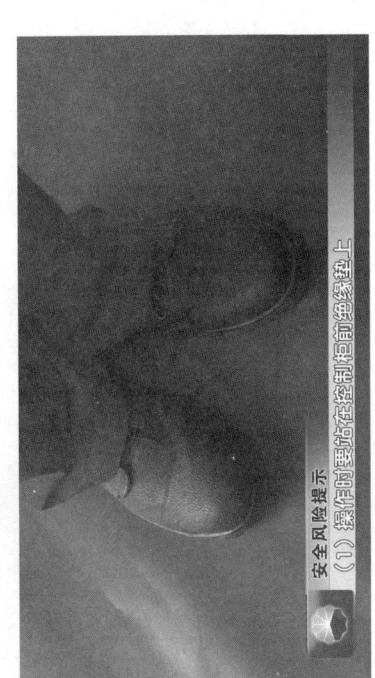

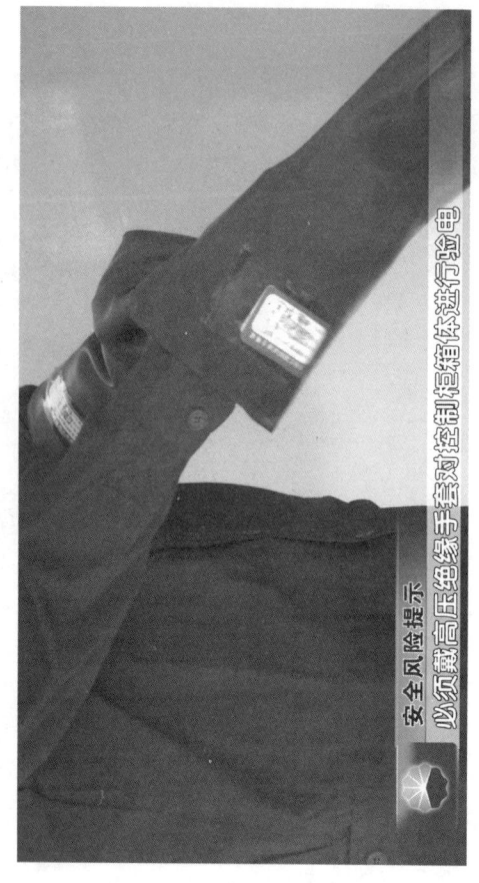

（2）操作控制柜前，必须戴高压绝缘手套对控制柜箱体进行电并确认无电，防止发生触电事故，造成人身伤害。

安全风险提示

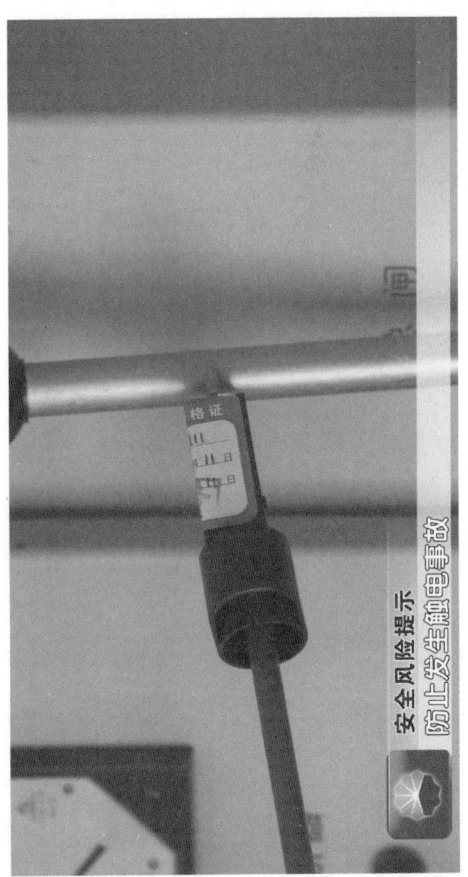

检查并调整电动潜油泵井过、欠载电流保护值操作

(3) 高压验电器须检验合格，高压绝缘手套须在有效期内。

安全风险提示
(3) 高压验电器须检验合格

试 题

一、选择题（不限单选）

1. 电动潜油泵井过载电流保护值应调整为该井（　）。

　　A. 潜油电机额定电流的 120%

　　B. 潜油电机额定电流的 125%

　　C. 运行电流的 120%

　　D. 运行电流的 125%

2. 电动潜油泵井欠载电流保护值应调整为该井（　），且不低于潜油电机空载电流。

　　A. 潜油电机额定电流的 80%

　　B. 潜油电机额定电流的 85%

　　C. 三相运行电流最低相的 80%

　　D. 三相运行电流最低相的 85%

试题参考答案

一、选择题

题号	1	2
答案	A	C

《电动潜油泵井标准化操作》

分册序号	分册书名
1	启动、停止电动潜油泵操作
2	电动潜油泵井巡回检查操作
3	电动潜油泵井油嘴调节操作
4	电动潜油泵井机械清蜡操作
5	电动潜油泵井更换电流卡片操作
6	检查并调整电动潜油泵井过、欠载电流保护值操作
7	电动潜油泵井井口热洗操作
8	电动潜油泵井更换压力表操作
9	电动潜油泵井投产操作

采油工安全生产标准化操作丛书

中国石油人事部
中国石油勘探与生产分公司 编

电动潜油泵井标准化操作 7

电动潜油泵井井口热洗操作

石油工业出版社

图书在版编目（CIP）数据

电动潜油泵井标准化操作 / 中国石油人事部，中国石油勘探与生产分公司编. — 北京：石油工业出版社，2018.11
（采油工安全生产标准化操作丛书）
ISBN 978-7-5183-3019-5

Ⅰ.①电… Ⅱ.①中… ②中… Ⅲ.①电动潜油泵–技术操作规程 Ⅳ.①TE933-65

中国版本图书馆 CIP 数据核字（2018）第 256866 号

出版发行：石油工业出版社
　　　　　（北京安定门外安华里 2 区 1 号楼 100011）
　　　网　址：www.petropub.com
　　　编辑部：（010）64523712
　　　图书营销中心：（010）64523633
经　　销：全国新华书店
印　　刷：北京中石油彩色印刷有限责任公司

2018 年 11 月第 1 版　2018 年 11 月第 1 次印刷
880×1230 毫米　开本：1/64　印张：8.8125
字数：88 千字

定价：135.00 元（全 9 册）
（如出现印装质量问题，我社图书营销中心负责调换）
版权所有，翻印必究

《采油工安全生产标准化操作丛书》编委会

主　　　　任：吴　奇

副 主 任：黄　革　　郑新权　　万　军

执 行 副 主 任：王渝明　　张守良　　郝庆华

　　　　　　　　王子云　　张　超　　赵捍军

委员：姜宝山　王　林　于胜泓　章卫兵　董洪亮
　　　王松波　吴景刚　全海涛　李亚鹏　范　猛
　　　王玉琢　杨　东　吴成龙　张万福　杨海波
　　　周　燕　侯继波　柴方源　祝汉强　肖长军
　　　赵　伟　卢盛红　朱继红　宋伟光　尹前进
　　　王海波　袁　月　王鹏飞　张　利　邓　钢
　　　吴文君　高　媛

《电动潜油泵井标准化操作 7 电动潜油泵井井口热洗操作》编委会

主　编：吴　奇

副主编：林　达　曹春富　肖大宇

委　员：郑焕军　张学斌　饶　华

　　　　张志宇　任立新　梁　猛

　　　　李欣宇　李俊增　吴秀范

开发单位

中国石油天然气股份有限公司勘探与生产分公司

大庆油田有限责任公司人事部(党委组织部)

大庆油田有限责任公司开发部

大庆油田有限责任公司质量安全环保部

大庆油田有限责任公司第二采油厂

大庆油田有限责任公司第四采油厂

大庆油田有限责任公司第六采油厂

大庆油田有限责任公司文化集团

大庆油田有限责任公司人才开发院

大庆油田有限责任公司大庆医学高等专科学校

合作单位

长庆油田分公司

辽河油田分公司

新疆油田分公司

大港油田分公司

华北油田分公司

石油工业出版社

FOREWORD 序

"求木之长者,必固其根本;欲流之远者,必浚其泉源。"2017年,党中央、国务院印发了《新时期产业工人队伍建设改革方案》,明确指出,产业工人是工人阶级中发挥支撑作用的主体力量,是创造社会财富的中坚力量,是创新驱动发展的骨干力量,是实施制造强国战略的有生力量。同时提出,要造就一支有理想守信念、懂技术会创新、敢担当讲奉献的宏大的产业工人队伍。这充分体现了党和国家对产业工人队伍建设的关心支持。

中国石油牢固树立以人为本、质量至上、安全第一、环保优先的理念,坚持施行标准化操作作为保证安全生产、深化精细管理、实现

企业内涵发展的重要支撑。中国石油将提升员工技能水平作为抓好产业工人队伍建设的主攻方向，把标准化操作固化成基层单位和干部职工尤其是新员工的行为准则和工作标准，牢固树立"上标准岗、干标准活"的工作意识和理念，形成人人讲安全、人人会安全、人人都安全的良好局面。

守正笃实，久久为功。提升员工技能操作水平是一项长期而艰巨的任务，完善标准是基础，加强领导是保障，优化执行是根本。这需要大家积极推广标准化操作工作，不断加强和改进操作流程与标准，不断规范与完善标准化操作，引导广大员工全面提升对标准化操作的认知度，全面提升标准化操作执行力，规范本质化安全行为，推进各项工作上水平。

中国石油人事部和中国石油勘探与生产分公司共同组织编写的《采油工安全生产标准化

操作丛书》及配套的视频课件，包含中国石油各油气田单位通用性的140个基本操作，具有开发标准高、内容全面、注重安全风险、应用范围广、培训效果突出等方面优点。相对应的视频课件利用三维动画技术，通过分解、剖切等方式展示常规不可见的设备内部结构，让员工学习起来更加直观，是一套"看得懂、学得会、易掌握"的实用教材，真正做到了将"技术有形化"，填补了中国石油安全生产操作培训课件方面的空白，为进一步提升操作员工整体素质提供有力支撑。

目前，跨国公司员工培训已经进入了"互联网+培训"的员工混合式培训阶段，以多终端应用设备为载体，展现多种资源，结合线下培训和社区化学习模式，以网络化应用进行培训评估，实现可规划路径的人才发展优化培训。这套丛书从生产实际出发，以满足需求为导向，

以促进员工养成标准化操作习惯为目标，实践性和针对性都很强。同时，大批专家的参与写作使教材的权威性有了保证。丛书配套的视频课件可以满足石油员工远程移动学习，也可以满足员工单机高清自学和集中学习。这样就形成了三位一体的员工培训模式，逐步迈入员工混合式培训阶段。希望这套丛书的出版发行，能为促进中国石油员工培训工作的深入开展，为促进员工操作技能水平的不断提升，为推动油气主业高质量发展，为实现中国石油建成世界一流综合性国际能源公司作出积极贡献。

中国石油天然气集团有限公司
总经理助理、人事部总经理　刘志华

PREFACE 前言

采油工是油田企业主体关键工种之一,在中国石油操作类员工中占比较大,采油工技能水平的高低,对油田的安全平稳生产起到至关重要的作用。为进一步提高采油工的基本素质和业务技能水平,中国石油人事部和中国石油勘探与生产分公司于2016年联合启动了采油工安全生产标准化操作视频培训课件开发项目,成立了课件编委会,委托大庆油田公司负责课件具体编制工作,并确定长庆、辽河、新疆、大港、华北5家油田公司和石油工业出版社,共同配合大庆油田做好视频培训课件编制工作。

课件开发过程中,大庆油田高度重视,按照"实际、实用、实效"的原则,专门成立了

课件开发工作领导组,组织公司人事部、开发部、安全环保部、第二采油厂、第四采油厂等9个部门和二级单位共同参与,共计抽调了100余名专家参与项目的研发设计。勘探与生产分公司加强过程监督和质量把控,针对开发方案、课件脚本、制作标准、课件样片等内容,按照不同工作节点先后组织三次大的集中审核会议,邀请中国石油各油田行业专家建言献策,为提高课件的通用性和实用性奠定坚实基础。大庆油田按照总体工作要求,历时两年,完成了视频培训课件的编制任务,并同步完成《采油工安全生产标准化操作丛书》的编写工作。本套丛书紧贴油田生产实际,以采油工岗位职责为依据,包含《安全防护用具使用》《工具、用具、量具使用》《采油工艺简介》《抽油机井标准化操作》《电动潜油泵井标准化操作》《电动螺杆泵井标准化操作》《注水井标准化操作》

《计量间标准化操作》《抽油机井生产故障分析与处理》《电动潜油泵井生产故障分析与处理》《电动螺杆泵井生产故障分析与处理》《注水井生产故障分析与处理》《计量间生产故障分析与处理》《现场应急救护》,共 14 种 140 个分册。本套丛书具有突出的实用性和规范性特点,可广泛用于新员工岗前培训、日常岗位练兵、鉴定考前培训、师徒帮带、技能竞赛等学习培训活动。

希望本套丛书能够为各石油企业提供借鉴,为今后采油工岗位培训的扎实有效开展提供有力保障。由于各油田在采油工艺、设备等方面存在差异性,书中难免有不足之处,敬请读者批评指正。

编者
2018 年 8 月

Contents 目录

项目说明 1

参考标准 2

操作流程 3

所需工用具 9

操作步骤 14

安全风险提示 31

试题 34

试题参考答案 37

项目说明

电动潜油泵井井口热洗操作是将热流体从井口热洗流程注入井内，在井筒中循环传热，热流体流经油套管环形空间、潜油离心泵后，通过油管返回至井口，除了完成融蜡和排蜡的目的外，还是验泵排查故障、替出泵内气体及杂质常用的方法。

参考标准

Q/SY DQ0802-2002《油井热洗清蜡规程》

操作流程

1. 准备工作

2. 检查流程

3. 热洗操作

4. 恢复流程

5. 清理现场

井口操作由 1 人完成，操作前正确穿戴好劳动保护用品。

电动潜油泵井井口热洗操作

准备工作
井口操作由1人完成

所需工用具

(1) 井口组合扳手 1 把。

(2) 600mm F 扳手 1 把。

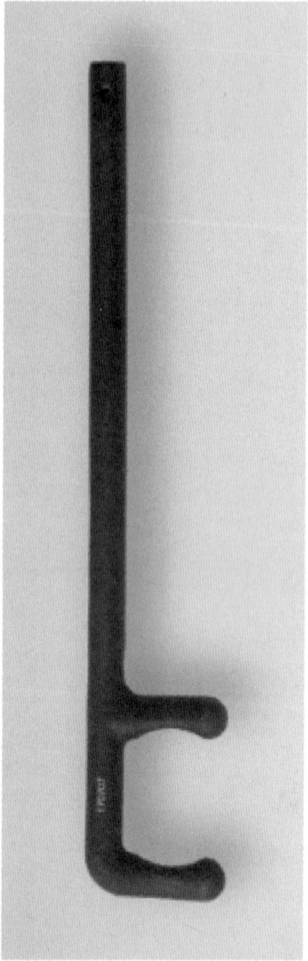

所需工用具

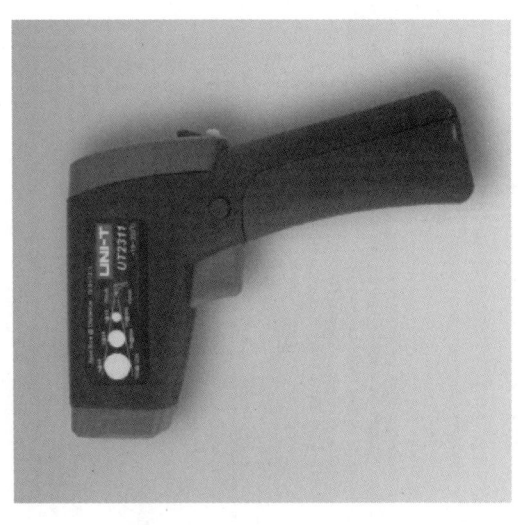

(3) 测温枪 1 把。

电动潜油泵井井口热洗操作

(4)记录本、记录笔。

所需工用具

(5) 擦布若干。

操作步骤

(1) 检查井口流程,正常生产时总阀门、生产阀门、套管阀门、回油阀门、套管放气阀门处于开启状态。生产放空阀门、套管放空阀门、直通阀门、热洗阀门处于关闭状态。

(2) 各连接部位应无松动、渗漏。

(3) 记录井口油压、回压、套压。

电动潜油泵井井口热洗操作

(4)套压过高时,开大定压放气阀门降压,套管压力应低于洗井压力。

(5)关闭定压放气阀门,打开直通阀门,倒地面循环流程。

电动潜油泵井口热洗操作

热洗操作
打开直通阀门

操作步骤

(6) 通知计量间倒热洗流程,打开热洗阀门,关闭掺水阀门。

电动潜油泵井井口热洗操作

热洗操作
打开热洗阀门

操作步骤

热洗操作
关闭掺水阀门

（7）监测井口热洗液温度，当井口热洗液温度与计量间出口温度接近时，倒热洗流程，打开热洗阀门，关闭直通阀，将热洗液导入油套环形空间。

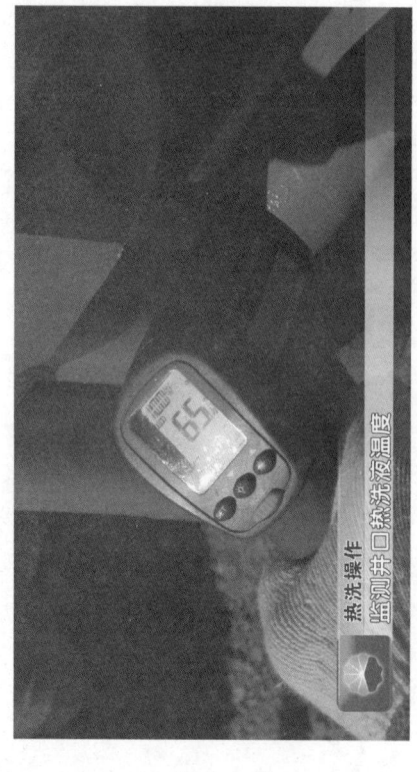

热洗操作
监测井口热洗液温度

操作步骤

热洗操作
打开热洗阀门

电动潜油泵井口热洗操作

(8) 观察热洗压力、热洗液温度变化。

(9)根据洗井目的,调整热洗温度、排量及时间。若以熔蜡为目的,则应当提高热洗温度,但应低于潜油电缆的耐热温度;若以替除泵内气体或杂质为目的,则应适当加大洗井排量,延长洗井时间。

(10)热洗结束后,恢复生产流程,关闭热洗阀门,打开套管放气阀门。

热洗操作
打开盘通阀门

电动潜油泵井口热洗操作

恢复流程
打开套管放气阀门

(11) 填写洗井记录，包括热洗时间、温度、压力等资料。

(12) 收拾工具,清理现场。

安全风险提示

(1) 套压高时不得外放,防止火灾爆炸事故的发生。

电动潜油泵井井口热洗操作

(2) 开关阀门应侧身平稳操作，避免高温液体喷溅伤人。

安全风险提示
(2) 开关阀门应侧身平稳操作

(3) 热洗操作时,无特殊情况,禁止停止电动潜油泵。

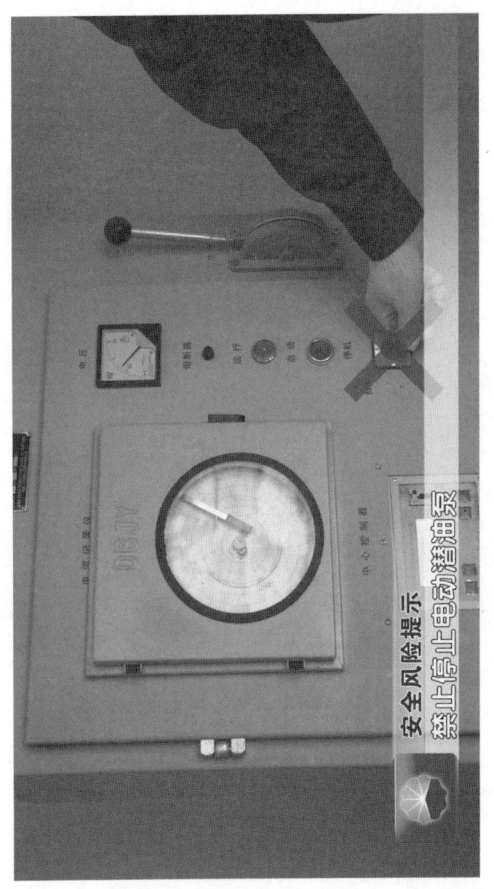

试 题

一、选择题（不限单选）

1. 井口热洗操作前，若套压过高，应开大（ ）降压，使套管压力低于洗井压力。

   A. 生产放空阀门

   B. 套管放空阀门

   C. 定压放气阀门

   D. 生产阀门

2. 井口热洗操作倒地面循环流程时，应关闭（ ）和打开（ ）。

   A. 定压放气阀门，直通阀门

   B. 定压放气阀门，热洗阀门

   C. 套管放空阀门，直通阀门

   D. 套管放空阀门，热洗阀门

3. 倒热洗流程时应打开（ ）、关闭（ ），将热洗液导入油套环空。

A. 热洗阀门，直通阀门

B. 热洗阀门，生产阀门

C. 套管放空阀门，直通阀门

D. 套管放空阀门，生产阀门

4. 热洗结束后恢复生产流程时，在井口应关闭（ ），打开（ ）。

A. 热洗阀门，定压放气阀门

B. 热洗阀门，直通阀门

C. 掺水阀门，定压放气阀门

D. 掺水阀门，直通阀门

5. 电动潜油泵井井口热洗操作的主要目的有哪些（ ）。

A. 熔蜡和排蜡

B. 排查故障

C. 替出泵内气体

D. 替杂质

二、判断题

1. 在计量间内倒热洗流程，即是打开热洗阀门，关闭掺水阀门。（ ）

2. 根据热洗目的，若以替出泵内气体或杂质为目的，则应提高热洗温度、降低洗井排量、缩短洗井时间。（ ）

3. 电动潜油泵井井口热洗操作时，要在井口热洗液温度与计量间出口温度接近时，倒热洗流程。（ ）

试题参考答案

一、选择题

题号	1	2	3	4	5
答案	C	A	A	A	ABCD

二、判断题

题号	1	2	3
答案	√	×	√

《电动潜油泵井标准化操作》

分册序号	分册书名
1	启动、停止电动潜油泵操作
2	电动潜油泵井巡回检查操作
3	电动潜油泵井油嘴调节操作
4	电动潜油泵井机械清蜡操作
5	电动潜油泵井更换电流卡片操作
6	检查并调整电动潜油泵井过、欠载电流保护值操作
7	电动潜油泵井井口热洗操作
8	电动潜油泵井更换压力表操作
9	电动潜油泵井投产操作

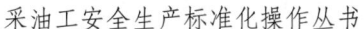

采油工安全生产标准化操作丛书

中国石油人事部
中国石油勘探与生产分公司 编

电动潜油泵井标准化操作 8

电动潜油泵井更换压力表操作

石油工业出版社

图书在版编目（CIP）数据

电动潜油泵井标准化操作 / 中国石油人事部，中国石油勘探与生产分公司编. —北京：石油工业出版社，2018.11

（采油工安全生产标准化操作丛书）

ISBN 978-7-5183-3019-5

Ⅰ. ①电… Ⅱ. ①中… ②中… Ⅲ. ①电动潜油泵 - 技术操作规程 Ⅳ. ① TE933-65

中国版本图书馆 CIP 数据核字（2018）第 256866 号

出版发行：石油工业出版社
（北京安定门外安华里 2 区 1 号楼 100011）
网　　址：www.petropub.com
编辑部：（010）64523712
图书营销中心：（010）64523633
经　　销：全国新华书店
印　　刷：北京中石油彩色印刷有限责任公司

2018 年 11 月第 1 版　2018 年 11 月第 1 次印刷
880×1230 毫米　开本：1/64　印张：8.8125
字数：88 千字

定价：135.00 元（全 9 册）
（如出现印装质量问题，我社图书营销中心负责调换）
版权所有，翻印必究

《采油工安全生产标准化操作丛书》编委会

主　　　任：吴　奇

副　主　任：黄　革　郑新权　万　军

执行副主任：王渝明　张守良　郝庆华

　　　　　　王子云　张　超　赵捍军

委员：姜宝山　王　林　于胜泓　章卫兵　董洪亮

　　　王松波　吴景刚　全海涛　李亚鹏　范　猛

　　　王玉琢　杨　东　吴成龙　张万福　杨海波

　　　周　燕　侯继波　柴方源　祝汉强　肖长军

　　　赵　伟　卢盛红　朱继红　宋伟光　尹前进

　　　王海波　袁　月　王鹏飞　张　利　邓　钢

　　　吴文君　高　媛

《电动潜油泵井标准化操作 8 电动潜油泵井更换压力表操作》编委会

主　编：吴　奇

副主编：林　达　　陈　浩　　贾贺童

委　员：郑焕军　　张学斌　　饶　华

　　　　张志宇　　任立新　　梁　猛

　　　　李欣宇　　陈　溪

开发单位

中国石油天然气股份有限公司勘探与生产分公司

大庆油田有限责任公司人事部(党委组织部)

大庆油田有限责任公司开发部

大庆油田有限责任公司质量安全环保部

大庆油田有限责任公司第二采油厂

大庆油田有限责任公司第四采油厂

大庆油田有限责任公司第六采油厂

大庆油田有限责任公司文化集团

大庆油田有限责任公司人才开发院

大庆油田有限责任公司大庆医学高等专科学校

合作单位

长庆油田分公司

辽河油田分公司

新疆油田分公司

大港油田分公司

华北油田分公司

石油工业出版社

FOREWORD 序

"求木之长者，必固其根本；欲流之远者，必浚其泉源。"2017年，党中央、国务院印发了《新时期产业工人队伍建设改革方案》，明确指出，产业工人是工人阶级中发挥支撑作用的主体力量，是创造社会财富的中坚力量，是创新驱动发展的骨干力量，是实施制造强国战略的有生力量。同时提出，要造就一支有理想守信念、懂技术会创新、敢担当讲奉献的宏大的产业工人队伍。这充分体现了党和国家对产业工人队伍建设的关心支持。

中国石油牢固树立以人为本、质量至上、安全第一、环保优先的理念，坚持施行标准化操作作为保证安全生产、深化精细管理、实现

企业内涵发展的重要支撑。中国石油将提升员工技能水平作为抓好产业工人队伍建设的主攻方向,把标准化操作固化成基层单位和干部职工尤其是新员工的行为准则和工作标准,牢固树立"上标准岗、干标准活"的工作意识和理念,形成人人讲安全、人人会安全、人人都安全的良好局面。

守正笃实,久久为功。提升员工技能操作水平是一项长期而艰巨的任务,完善标准是基础,加强领导是保障,优化执行是根本。这需要大家积极推广标准化操作工作,不断加强和改进操作流程与标准,不断规范与完善标准化操作,引导广大员工全面提升对标准化操作的认知度,全面提升标准化操作执行力,规范本质化安全行为,推进各项工作上水平。

中国石油人事部和中国石油勘探与生产分公司共同组织编写的《采油工安全生产标准化

操作丛书》及配套的视频课件，包含中国石油各油气田单位通用性的140个基本操作，具有开发标准高、内容全面、注重安全风险、应用范围广、培训效果突出等方面优点。相对应的视频课件利用三维动画技术，通过分解、剖切等方式展示常规不可见的设备内部结构，让员工学习起来更加直观，是一套"看得懂、学得会、易掌握"的实用教材，真正做到了将"技术有形化"，填补了中国石油安全生产操作培训课件方面的空白，为进一步提升操作员工整体素质提供有力支撑。

目前，跨国公司员工培训已经进入了"互联网+培训"的员工混合式培训阶段，以多终端应用设备为载体，展现多种资源，结合线下培训和社区化学习模式，以网络化应用进行培训评估，实现可规划路径的人才发展优化培训。这套丛书从生产实际出发，以满足需求为导向，

以促进员工养成标准化操作习惯为目标，实践性和针对性都很强。同时，大批专家的参与写作使教材的权威性有了保证。丛书配套的视频课件可以满足石油员工远程移动学习，也可以满足员工单机高清自学和集中学习。这样就形成了三位一体的员工培训模式，逐步迈入员工混合式培训阶段。希望这套丛书的出版发行，能为促进中国石油员工培训工作的深入开展，为促进员工操作技能水平的不断提升，为推动油气主业高质量发展，为实现中国石油建成世界一流综合性国际能源公司作出积极贡献。

中国石油天然气集团有限公司
总经理助理、人事部总经理　刘志华

PREFACE 前言

采油工是油田企业主体关键工种之一,在中国石油操作类员工中占比较大,采油工技能水平的高低,对油田的安全平稳生产起到至关重要的作用。为进一步提高采油工的基本素质和业务技能水平,中国石油人事部和中国石油勘探与生产分公司于2016年联合启动了采油工安全生产标准化操作视频培训课件开发项目,成立了课件编委会,委托大庆油田公司负责课件具体编制工作,并确定长庆、辽河、新疆、大港、华北5家油田公司和石油工业出版社,共同配合大庆油田做好视频培训课件编制工作。

课件开发过程中,大庆油田高度重视,按照"实际、实用、实效"的原则,专门成立了

课件开发工作领导组,组织公司人事部、开发部、安全环保部、第二采油厂、第四采油厂等9个部门和二级单位共同参与,共计抽调了100余名专家参与项目的研发设计。勘探与生产分公司加强过程监督和质量把控,针对开发方案、课件脚本、制作标准、课件样片等内容,按照不同工作节点先后组织三次大的集中审核会议,邀请中国石油各油田行业专家建言献策,为提高课件的通用性和实用性奠定坚实基础。大庆油田按照总体工作要求,历时两年,完成了视频培训课件的编制任务,并同步完成《采油工安全生产标准化操作丛书》的编写工作。本套丛书紧贴油田生产实际,以采油工岗位职责为依据,包含《安全防护用具使用》《工具、用具、量具使用》《采油工艺简介》《抽油机井标准化操作》《电动潜油泵井标准化操作》《电动螺杆泵井标准化操作》《注水井标准化操作》

《计量间标准化操作》《抽油机井生产故障分析与处理》《电动潜油泵井生产故障分析与处理》《电动螺杆泵井生产故障分析与处理》《注水井生产故障分析与处理》《计量间生产故障分析与处理》《现场应急救护》,共14种140个分册。本套丛书具有突出的实用性和规范性特点,可广泛用于新员工岗前培训、日常岗位练兵、鉴定考前培训、师徒帮带、技能竞赛等学习培训活动。

希望本套丛书能够为各石油企业提供借鉴,为今后采油工岗位培训的扎实有效开展提供有力保障。由于各油田在采油工艺、设备等方面存在差异性,书中难免有不足之处,敬请读者批评指正。

编者
2018 年 8 月

CONTENTS 目录

项目说明 1

参考标准 2

操作流程 3

所需工用具 9

操作步骤 17

安全风险提示 31

试题 34

试题参考答案 36

项目说明

电动潜油泵井生产过程中,应用压力表监测油管压力、回油压力和套管压力,并通过油压、回压、套压的波动变化分析电动潜油泵井是否处于正常生产状态。若压力值不准,将影响资料录取的准确性,同时也会给生产造成安全隐患。压力表要定期校验,如果误差较大或损坏应及时更换,以保证测量精度。

参考标准

Q/SY DQ0804-2013《采油岗操作程序及要求》

操作流程

1. 准备工作

电动潜油泵井更换压力表操作

2. 检查压力表

操作流程

3. 更换压力表

— 5 —

电动潜油泵井更换压力表操作

4. 录取压力

5. 清理现场

操作由 1 人完成,操作前正确穿戴好劳动保护用品。

电动潜油泵井更换压力表操作

准备工作
操作由1人完成

所需工用具

(1) 200mm × 24mm 活扳手 1 把。

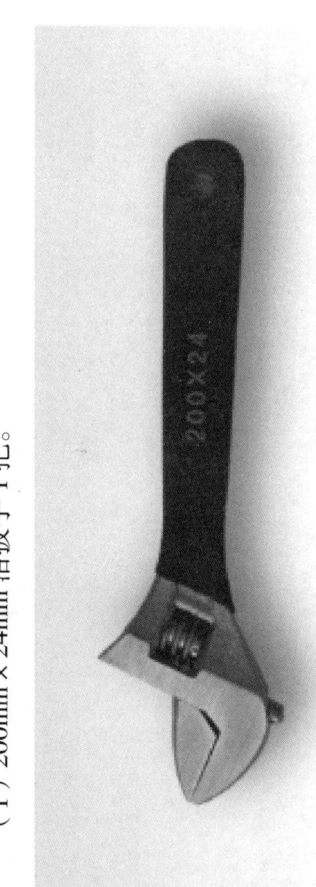

电动潜油泵井更换压力表操作

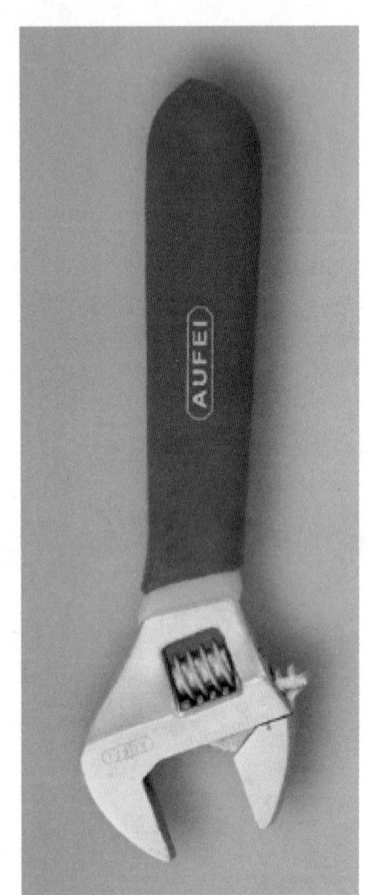

(2) 150mm×19mm 活扳手 1 把。

所需工用具

(3) 通针 1 根。

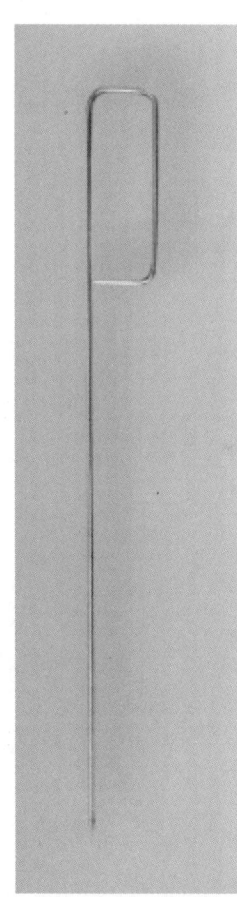

电动潜油泵井更换压力表操作

(4)钩针1根。

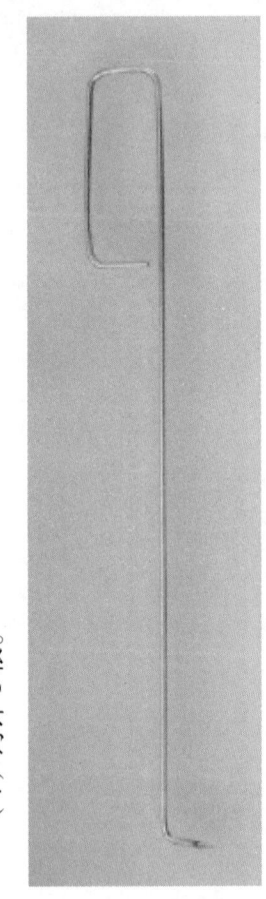

所需工用具

(5) 压力表 1 块。

— 13 —

(6) 压力表接头密封垫若干。

所需工用具

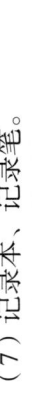

(7) 记录本、记录笔。

电动潜油泵井更换压力表操作

(8) 擦布若干。

操作步骤

(1) 检查压力表外观应无缺损,螺纹完好,铅封完好,校验合格。

电动潜油泵井更换压力表操作

(2) 压力表量程应合适、量程线清晰、指针归零。

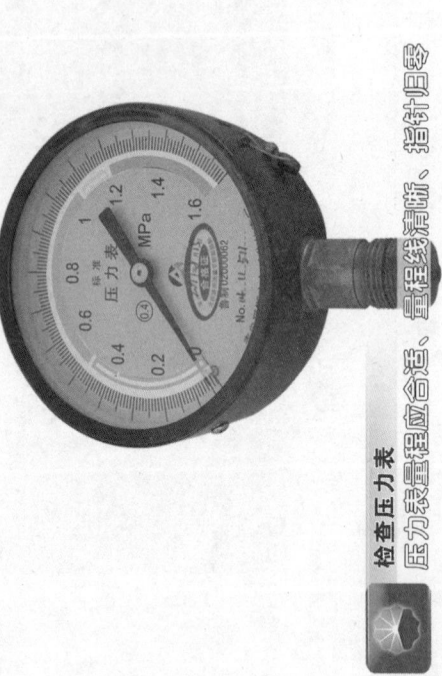

检查压力表
压力表量程应合适、量程线清晰、指针归零

-18-

(3) 记录压力值,观察压力值时视线与表盘垂直。

电动潜油泵井更换压力表操作

（4）关闭压力表控制阀门，关闭阀门时，应侧身操作，防止伤人。

操作步骤

（5）拆卸压力表。缓慢卸松压力表，观察压力表指针归零后，方可取下压力表，操作过程中身体禁止出现在压力表的上方，防止压力表弹出或气液飞溅伤人。

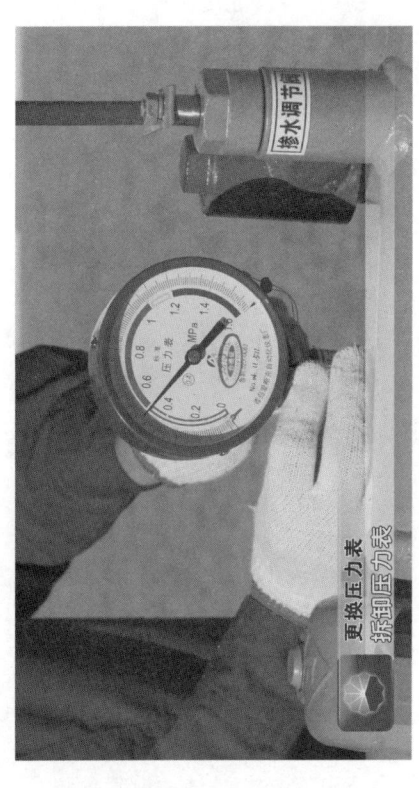

电动潜油泵井更换压力表操作

更换压力表
操作过程中身体禁止出现在泵口压力表的上方

(6) 取出旧压力表接头密封垫。

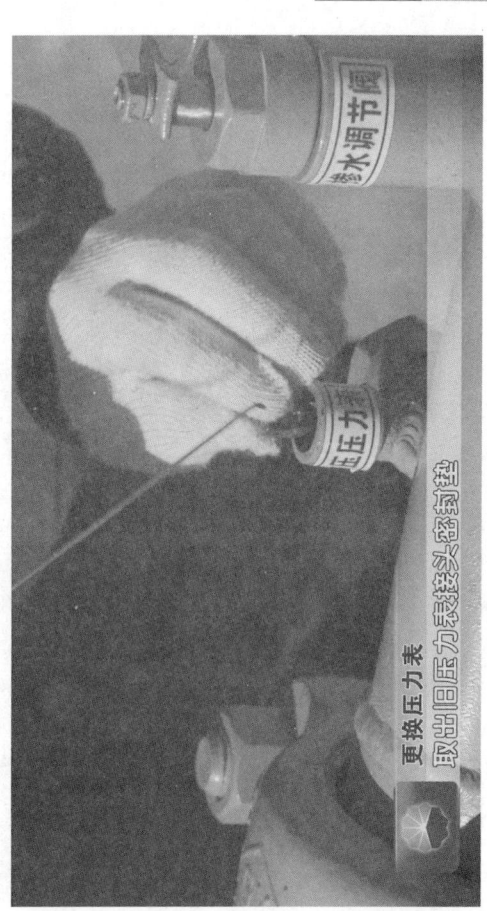

电动潜油泵井更换压力表操作

(7) 清理待换压力表传压孔,防止有堵塞物,造成取压不准。

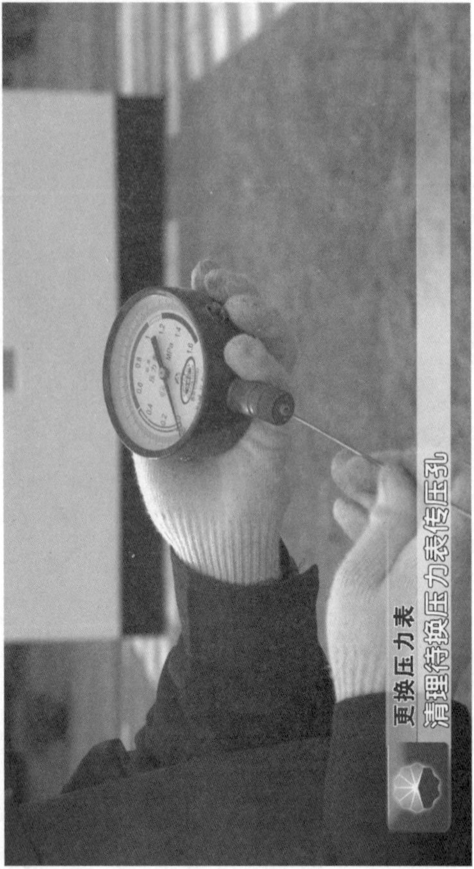

(8) 装入压力表接头密封垫。

电动潜油泵井更换压力表操作

（9）安装压力表。安装完成后表盘位置应便于观察。禁止用手扳动表头，防止损坏压力表。

操作步骤

（10）缓慢打开压力表控制阀门试压，检查无渗漏后，阀门开到最大回半圈。

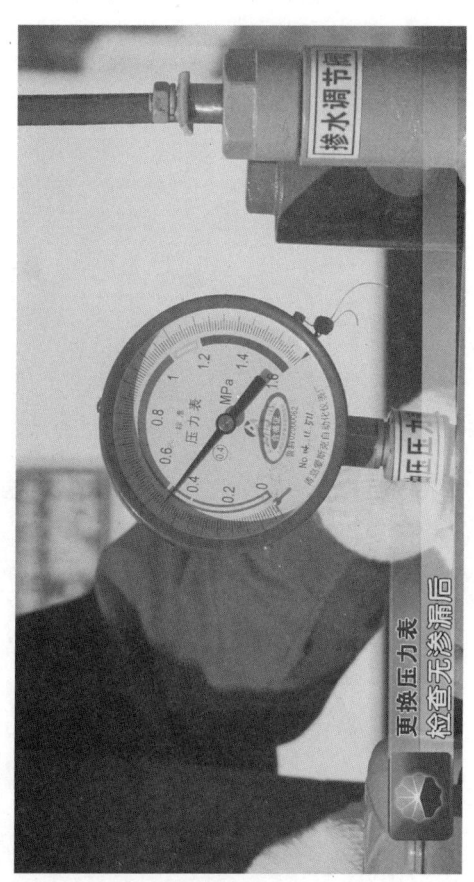

电动潜油泵井更换压力表操作

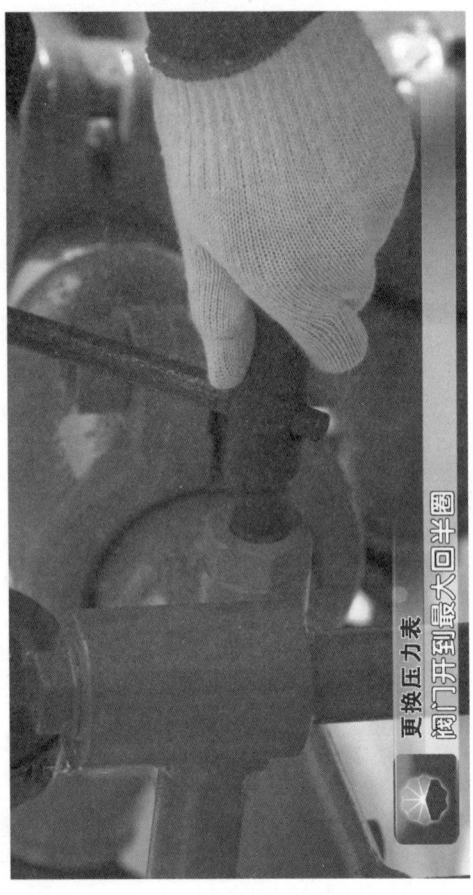

更换压力表
阀门开到最大回半圈

(11) 读取并记录压力值,录取压力值时视线与表盘垂直。

电动潜油泵井更换压力表操作

(12) 收拾工具,清理现场。

安全风险提示

(1) 装卸压力表时禁止用手扳动表头，防止损坏压力表。

电动潜油泵井更换压力表操作

(2) 开、关井口阀门时要侧身操作，防止人身伤害。

安全风险提示
(2) 开、关井口阀门时要侧身操作

(3) 操作过程中禁止身体出现在压力表上方,防止压力表弹出或气液飞溅伤人。

安全风险提示
(3) 操作过程中禁止身体出现在压力表上方

试 题

一、选择题（不限单选）

1. 打开压力表控制阀门试压时，阀门开到最大应回旋（ ）圈。

A. $1/4$ B. $1/2$
C. 1 D. 2

2. 电动潜油泵井生产过程中，应用压力表主要监测（ ）。

A. 油管压力 B. 回油压力
C. 套管压力 D. 地层压力

3. 新压力表应具备的条件是（ ）。

A. 外观无缺损 B. 螺纹完好
C. 铅封完好 D. 校验合格

二、判断题

1. 当压力表压力值不准时，既影响资料录

取的准确性,也给生产造成安全隐患。( )

2. 清理压力表传压孔的目的是防止有堵塞物,造成取压不准。( )

3. 安装压力表时,应用手扳动表头至便于观察的位置。( )

4. 安装压力表时,为确保密封不渗漏,用聚四氟乙烯生料带缠绕螺纹。( )

试题参考答案

一、选择题

题号	1	2	3
答案	B	ABC	ABCD

二、判断题

题号	1	2	3	4
答案	√	√	×	×

《电动潜油泵井标准化操作》

分册序号	分册书名
1	启动、停止电动潜油泵操作
2	电动潜油泵井巡回检查操作
3	电动潜油泵井油嘴调节操作
4	电动潜油泵井机械清蜡操作
5	电动潜油泵井更换电流卡片操作
6	检查并调整电动潜油泵井过、欠载电流保护值操作
7	电动潜油泵井井口热洗操作
8	电动潜油泵井更换压力表操作
9	电动潜油泵井投产操作

采油工安全生产标准化操作丛书

中国石油人事部
中国石油勘探与生产分公司 编

电动潜油泵井标准化操作 9

电动潜油泵井投产操作

石油工业出版社

图书在版编目（CIP）数据

电动潜油泵井标准化操作 / 中国石油人事部，中国石油勘探与生产分公司编 . —北京：石油工业出版社，2018.11
（采油工安全生产标准化操作丛书）
ISBN 978-7-5183-3019-5

Ⅰ. ①电⋯ Ⅱ. ①中⋯ ②中⋯ Ⅲ. ①电动潜油泵 - 技术操作规程 Ⅳ. ① TE933-65

中国版本图书馆 CIP 数据核字（2018）第 256866 号

出版发行：石油工业出版社
　　　　（北京安定门外安华里 2 区 1 号楼 100011）
　　网　　址：www.petropub.com
　　编辑部：（010）64523712
　　图书营销中心：（010）64523633
经　　销：全国新华书店
印　　刷：北京中石油彩色印刷有限责任公司

2018 年 11 月第 1 版　2018 年 11 月第 1 次印刷
880×1230 毫米　开本：1/64　印张：8.8125
字数：88 千字

定价：135.00 元（全 9 册）
（如出现印装质量问题，我社图书营销中心负责调换）
版权所有，翻印必究

《采油工安全生产标准化操作丛书》编委会

主　　　　任：吴　奇
副　主　任：黄　革　　郑新权　　万　军
执行副主任：王渝明　　张守良　　郝庆华
　　　　　　王子云　　张　超　　赵捍军
委　员：姜宝山　王　林　于胜泓　章卫兵　董洪亮
　　　　王松波　吴景刚　全海涛　李亚鹏　范　猛
　　　　王玉琢　杨　东　吴成龙　张万福　杨海波
　　　　周　燕　侯继波　柴方源　祝汉强　肖长军
　　　　赵　伟　卢盛红　朱继红　宋伟光　尹前进
　　　　王海波　袁　月　王鹏飞　张　利　邓　钢
　　　　吴文君　高　媛

《电动潜油泵井标准化操作 9 电动潜油泵井投产操作》编委会

主　编： 吴　奇

副主编： 刘新宇　匡立柱　由东浩

委　员： 郑焕军　张学斌　饶　华

　　　　　张志宇　任立新　梁　猛

　　　　　李欣宇　李武生

开发单位

中国石油天然气股份有限公司勘探与生产分公司

大庆油田有限责任公司人事部(党委组织部)

大庆油田有限责任公司开发部

大庆油田有限责任公司质量安全环保部

大庆油田有限责任公司第二采油厂

大庆油田有限责任公司第四采油厂

大庆油田有限责任公司第六采油厂

大庆油田有限责任公司文化集团

大庆油田有限责任公司人才开发院

大庆油田有限责任公司大庆医学高等专科学校

合作单位

长庆油田分公司

辽河油田分公司

新疆油田分公司

大港油田分公司

华北油田分公司

石油工业出版社

Foreword 序

"求木之长者，必固其根本；欲流之远者，必浚其泉源。"2017年，党中央、国务院印发了《新时期产业工人队伍建设改革方案》，明确指出，产业工人是工人阶级中发挥支撑作用的主体力量，是创造社会财富的中坚力量，是创新驱动发展的骨干力量，是实施制造强国战略的有生力量。同时提出，要造就一支有理想守信念、懂技术会创新、敢担当讲奉献的宏大的产业工人队伍。这充分体现了党和国家对产业工人队伍建设的关心支持。

中国石油牢固树立以人为本、质量至上、安全第一、环保优先的理念，坚持施行标准化操作作为保证安全生产、深化精细管理、实现

企业内涵发展的重要支撑。中国石油将提升员工技能水平作为抓好产业工人队伍建设的主攻方向,把标准化操作固化成基层单位和干部职工尤其是新员工的行为准则和工作标准,牢固树立"上标准岗、干标准活"的工作意识和理念,形成人人讲安全、人人会安全、人人都安全的良好局面。

守正笃实,久久为功。提升员工技能操作水平是一项长期而艰巨的任务,完善标准是基础,加强领导是保障,优化执行是根本。这需要大家积极推广标准化操作工作,不断加强和改进操作流程与标准,不断规范与完善标准化操作,引导广大员工全面提升对标准化操作的认知度,全面提升标准化操作执行力,规范本质化安全行为,推进各项工作上水平。

中国石油人事部和中国石油勘探与生产分公司共同组织编写的《采油工安全生产标准化

操作丛书》及配套的视频课件,包含中国石油各油气田单位通用性的140个基本操作,具有开发标准高、内容全面、注重安全风险、应用范围广、培训效果突出等方面优点。相对应的视频课件利用三维动画技术,通过分解、剖切等方式展示常规不可见的设备内部结构,让员工学习起来更加直观,是一套"看得懂、学得会、易掌握"的实用教材,真正做到了将"技术有形化",填补了中国石油安全生产操作培训课件方面的空白,为进一步提升操作员工整体素质提供有力支撑。

目前,跨国公司员工培训已经进入了"互联网+培训"的员工混合式培训阶段,以多终端应用设备为载体,展现多种资源,结合线下培训和社区化学习模式,以网络化应用进行培训评估,实现可规划路径的人才发展优化培训。这套丛书从生产实际出发,以满足需求为导向,

以促进员工养成标准化操作习惯为目标,实践性和针对性都很强。同时,大批专家的参与写作使教材的权威性有了保证。丛书配套的视频课件可以满足石油员工远程移动学习,也可以满足员工单机高清自学和集中学习。这样就形成了三位一体的员工培训模式,逐步迈入员工混合式培训阶段。希望这套丛书的出版发行,能为促进中国石油员工培训工作的深入开展,为促进员工操作技能水平的不断提升,为推动油气主业高质量发展,为实现中国石油建成世界一流综合性国际能源公司作出积极贡献。

中国石油天然气集团有限公司
总经理助理、人事部总经理   刘志华

PREFACE 前言

采油工是油田企业主体关键工种之一,在中国石油操作类员工中占比较大,采油工技能水平的高低,对油田的安全平稳生产起到至关重要的作用。为进一步提高采油工的基本素质和业务技能水平,中国石油人事部和中国石油勘探与生产分公司于2016年联合启动了采油工安全生产标准化操作视频培训课件开发项目,成立了课件编委会,委托大庆油田公司负责课件具体编制工作,并确定长庆、辽河、新疆、大港、华北5家油田公司和石油工业出版社,共同配合大庆油田做好视频培训课件编制工作。

课件开发过程中,大庆油田高度重视,按照"实际、实用、实效"的原则,专门成立了

课件开发工作领导组,组织公司人事部、开发部、安全环保部、第二采油厂、第四采油厂等9个部门和二级单位共同参与,共计抽调了100余名专家参与项目的研发设计。勘探与生产分公司加强过程监督和质量把控,针对开发方案、课件脚本、制作标准、课件样片等内容,按照不同工作节点先后组织三次大的集中审核会议,邀请中国石油各油田行业专家建言献策,为提高课件的通用性和实用性奠定坚实基础。大庆油田按照总体工作要求,历时两年,完成了视频培训课件的编制任务,并同步完成《采油工安全生产标准化操作丛书》的编写工作。本套丛书紧贴油田生产实际,以采油工岗位职责为依据,包含《安全防护用具使用》《工具、用具、量具使用》《采油工艺简介》《抽油机井标准化操作》《电动潜油泵井标准化操作》《电动螺杆泵井标准化操作》《注水井标准化操作》

《计量间标准化操作》《抽油机井生产故障分析与处理》《电动潜油泵井生产故障分析与处理》《电动螺杆泵井生产故障分析与处理》《注水井生产故障分析与处理》《计量间生产故障分析与处理》《现场应急救护》,共14种140个分册。本套丛书具有突出的实用性和规范性特点,可广泛用于新员工岗前培训、日常岗位练兵、鉴定考前培训、师徒帮带、技能竞赛等学习培训活动。

希望本套丛书能够为各石油企业提供借鉴,为今后采油工岗位培训的扎实有效开展提供有力保障。由于各油田在采油工艺、设备等方面存在差异性,书中难免有不足之处,敬请读者批评指正。

编者

2018年8月

Contents 目录

项目说明 1

参考标准 2

操作流程 3

所需工用具 8

操作步骤 19

安全风险提示 52

试题 57

试题参考答案 59

项目说明

电动潜油泵井在新井安装完毕或作业完工投产时,需要在确定井口流程畅通、电压调整合理、控制柜空载试验合格、机组相间直流电阻及对地绝缘电阻达到标准后,方可启动电动潜油泵机组。

参考标准

Q/SY DQ0572-2000《潜油电泵使用维护与检修的管理》

操作流程

1. 准备工作

2. 检测工作

3. 投产操作

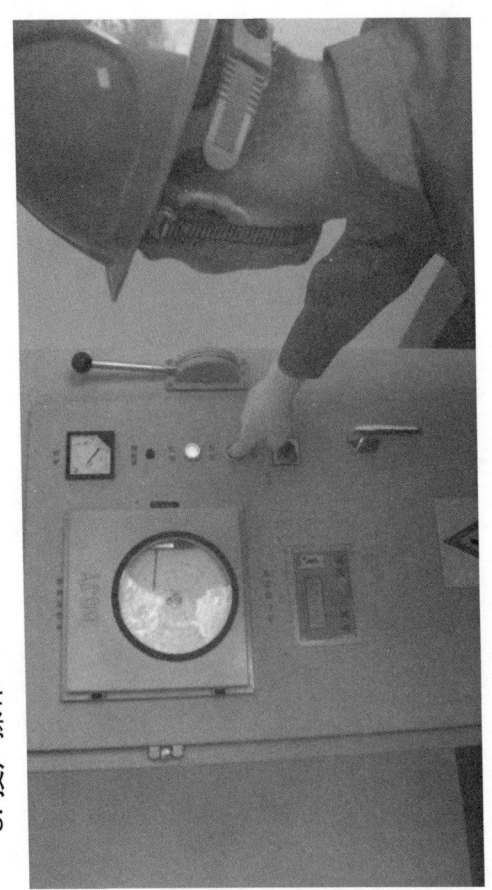

4. 清理现场

操作由 1 名采油工、2 名专业电工配合完成,操作前正确佩戴好劳动保护用品。

操作流程

准备工作
操作田1名采油工、2名专业油工配合完成

所需工用具

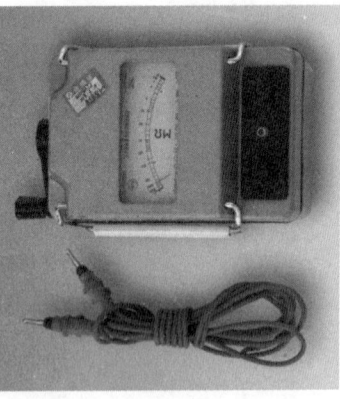

(1) 2500V 兆欧表 1 块。

所需工用具

(2) 万用表 1 块。

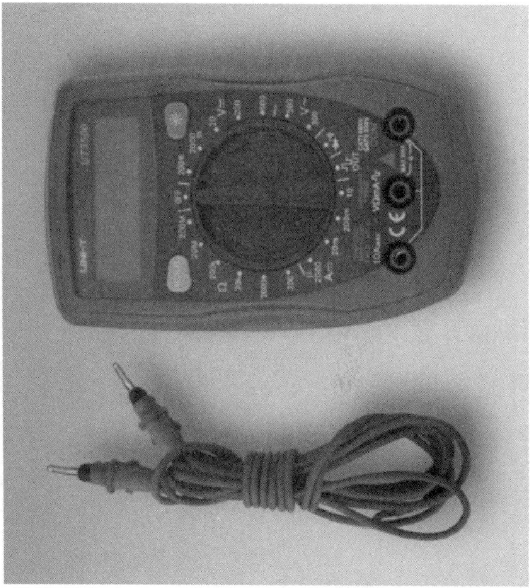

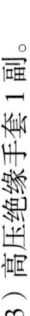

(3) 高压绝缘手套 1 副。

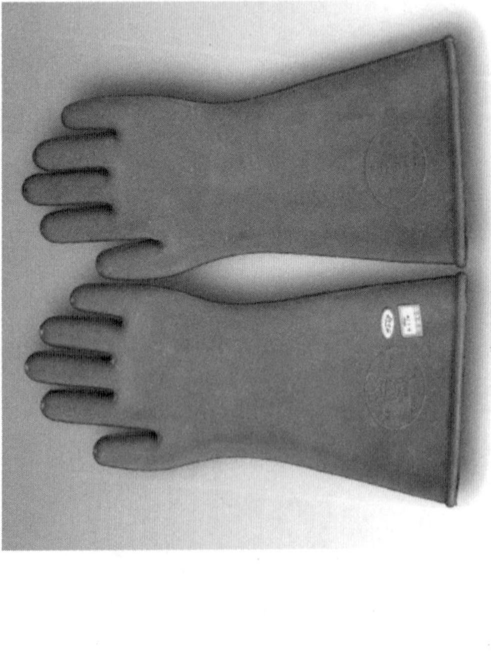

所需工用具

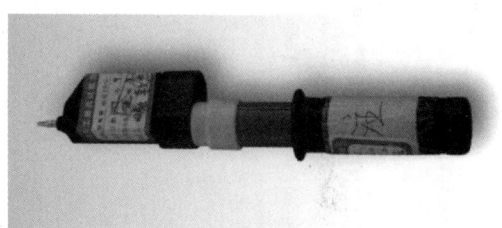

(4) 高压验电器 1 支。

电动潜油泵井投产操作

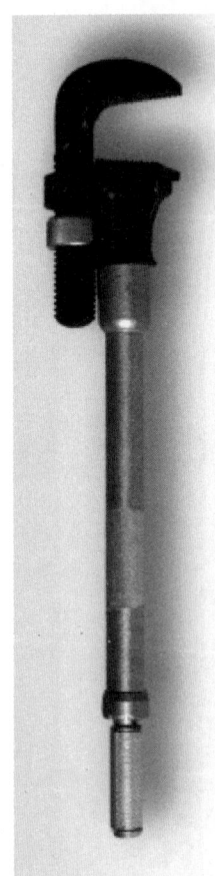

（5）600mm 管钳 1 把。

所需工用具

(6) 200mm × 24mm 活扳手 1 把。

电动潜油泵井投产操作

(7) 井口组合扳手 1 把。

所需工用具

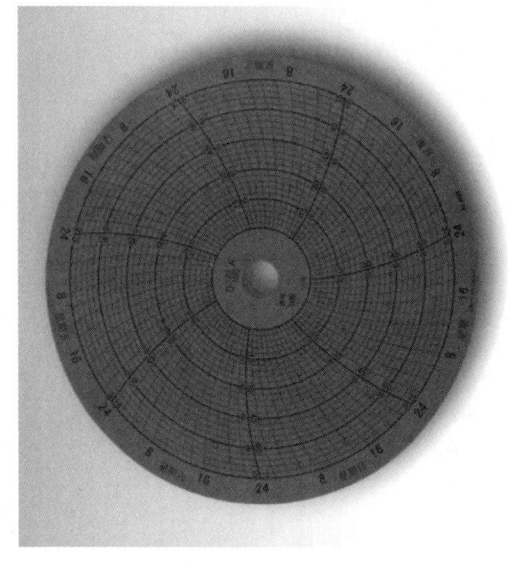

(8) 电流卡片 1 张。

(9)"禁止合闸"警示牌1块。

所需工用具

(10) 记录本、记录笔。

(11) 擦布若干。

操作步骤

（1）站在控制柜前绝缘垫上，戴好高压绝缘手套，用高压验电器对控制柜体进行验电，确认控制柜箱体无电。

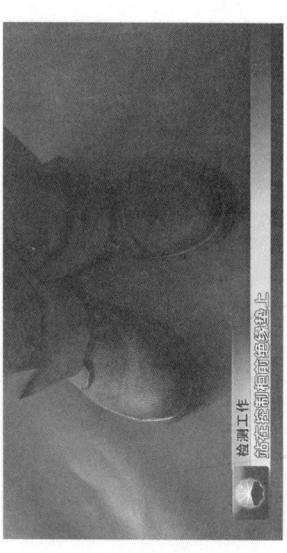

电动潜油泵井投产操作

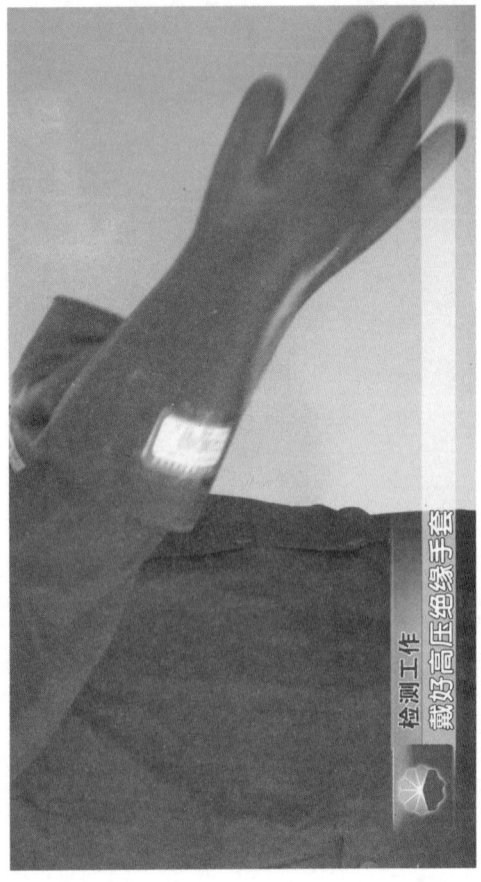

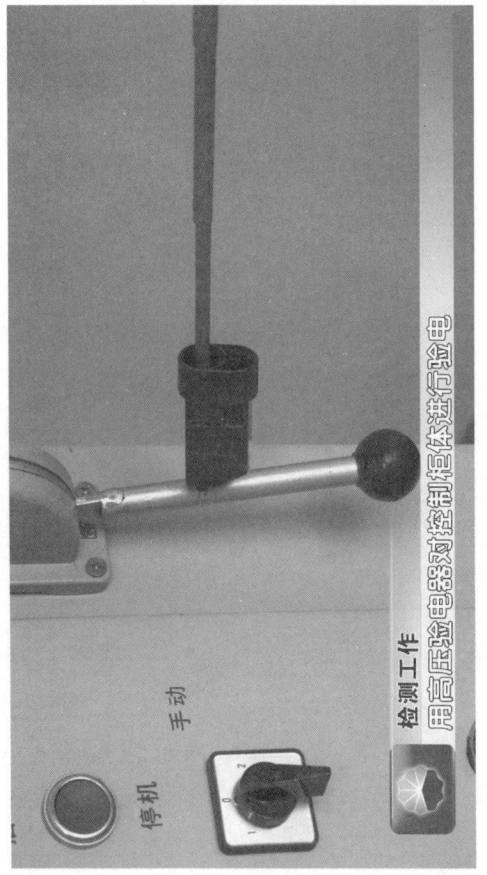

电动潜油泵井投产操作

(2) 在控制柜处悬挂"禁止合闸"警示牌。

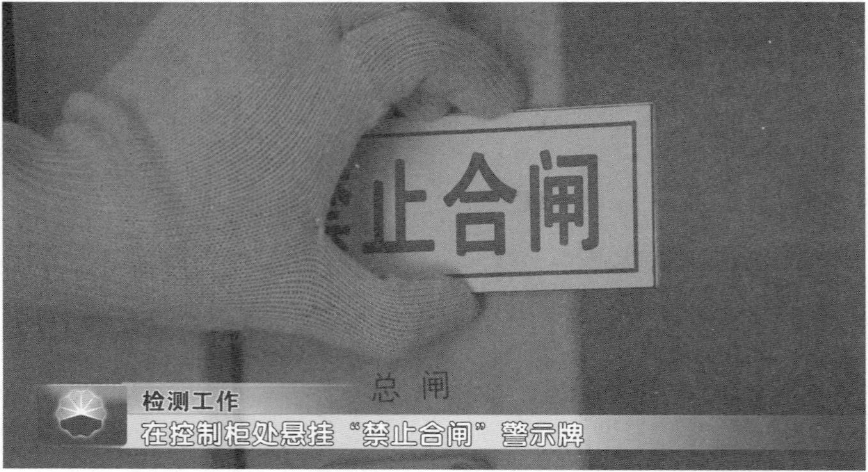

(3) 检查井口总阀门、生产阀门、回油阀门均处于开启状态,防止出现憋压现象。

(4)井口零部件及仪表齐全、完好,设备应无刺漏现象。检查控制柜,配件齐全,外观完好。

检测工作
井口零部件及仪表齐全、完好

操作步骤

(5)由专业电工用万用表测量井下机组相间直流电阻,相间直流电阻应三相平衡。

操作步骤

检测工作
相间电流每相应三相平衡

（6）由专业电工用 2500V 兆欧表测量井下机组对地绝缘。测量完成后，将被测电缆对地进行放电。

检测工作
由专业电工用2500V兆欧表测量井下机组对地绝缘

操作步骤

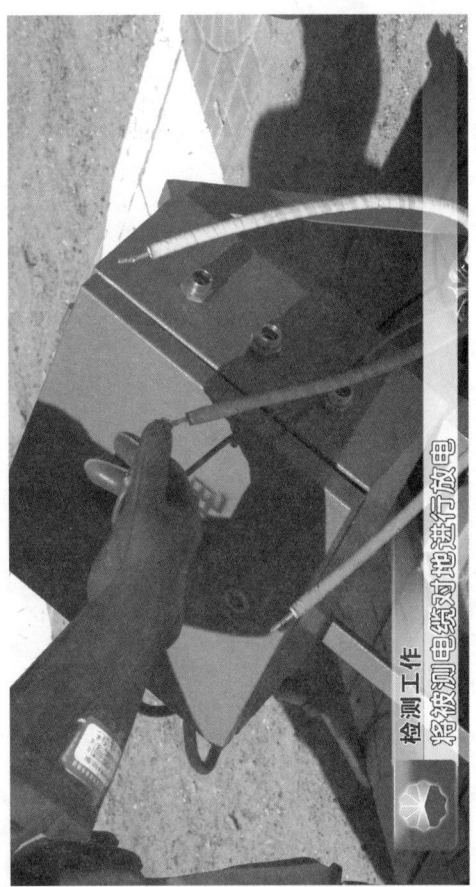

检测工作
用被测电缆对地进行放电

电动潜油泵井投产操作

（7）取下"禁止合闸"警示牌，进行空载试验，侧身合电源总开关。

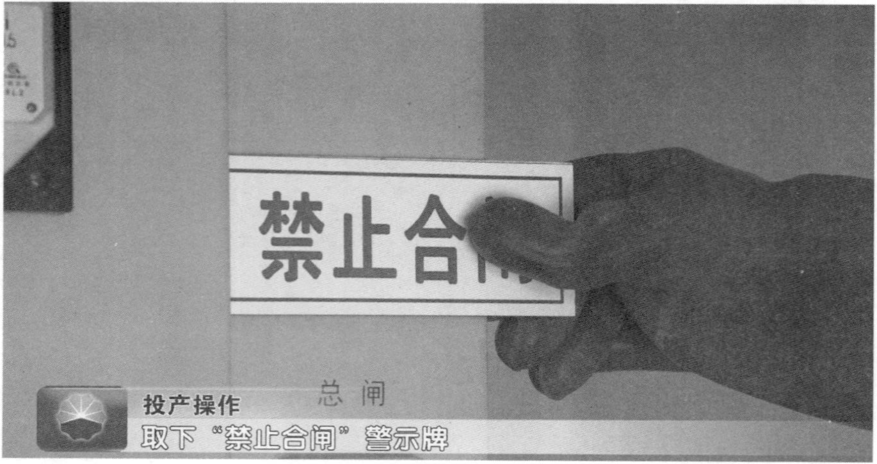

操作步骤

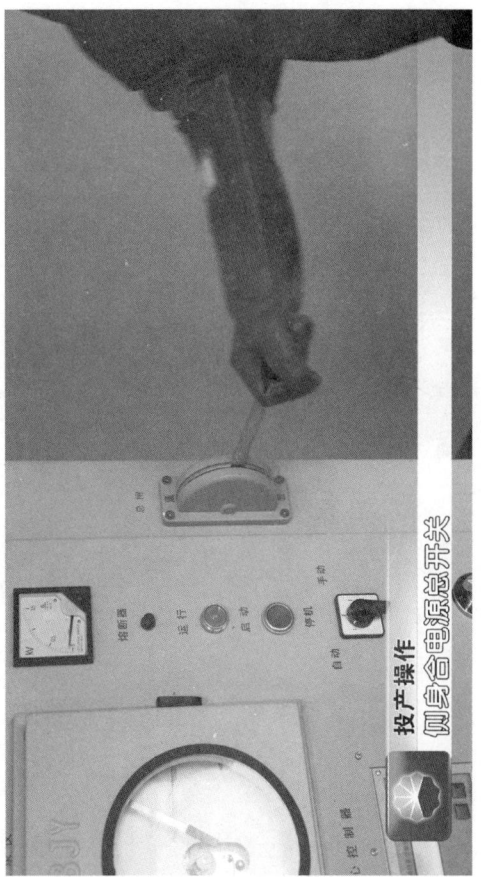

投产操作
仪表合闸电源总开关

(8) 将控制柜转换开关调至手动位置,检查控制电压应在合理范围内,按额定电流的 120% 设定过载电流保护值。

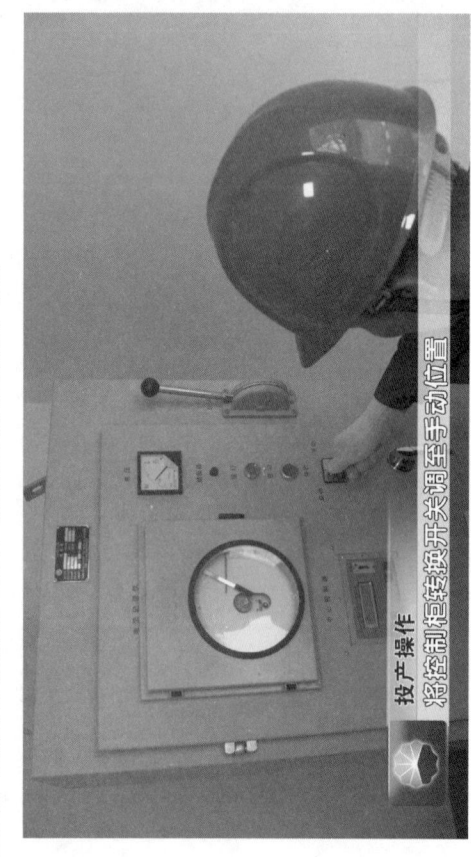

投产操作
将控制柜转换开关调至手动位置

操作步骤

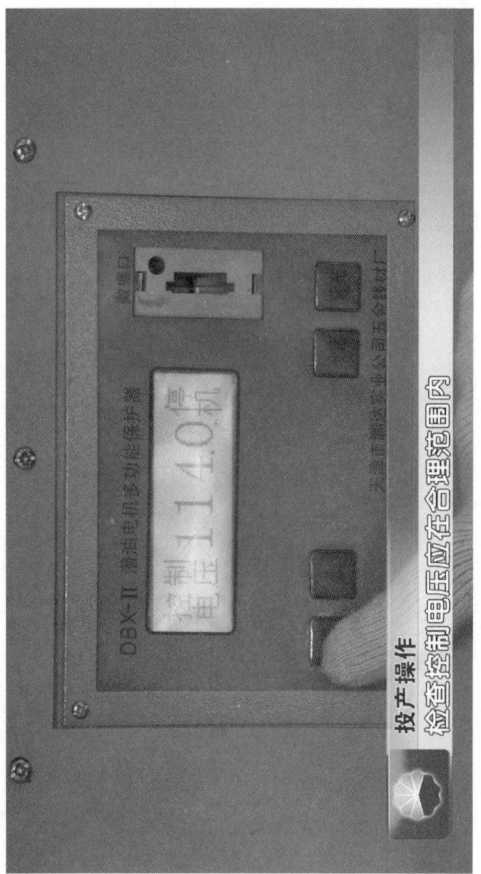

投产操作
检查控制电压应在合理范围内

电动潜油泵井投产操作

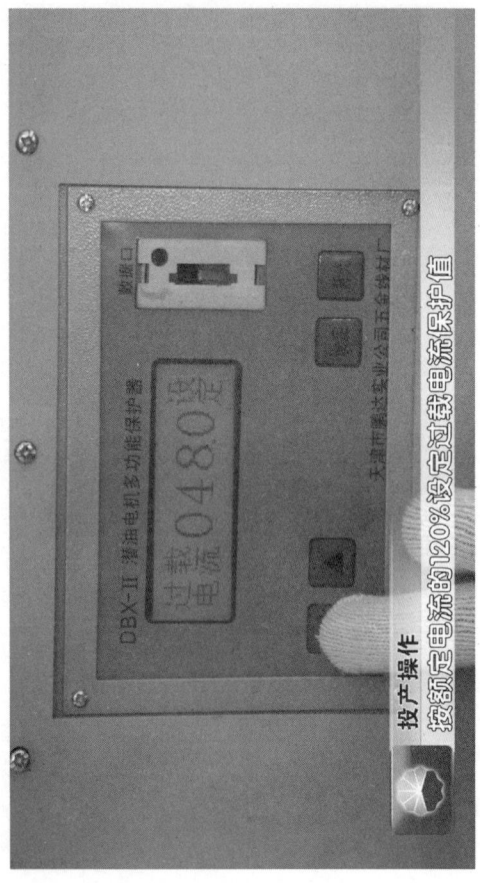

投产操作：按额定电流的120%设定过载电流保护值

(9) 按启动按钮,中心控制器应有欠载保护动作,间隔在 5~10s。

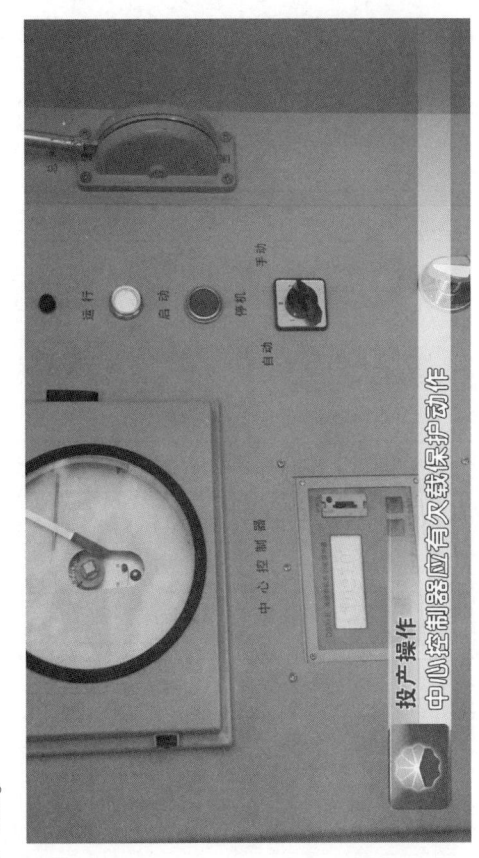

电动潜油泵井投产操作

(10) 将转换开关拨至停的位置，侧身断开开控制柜电源总开关。

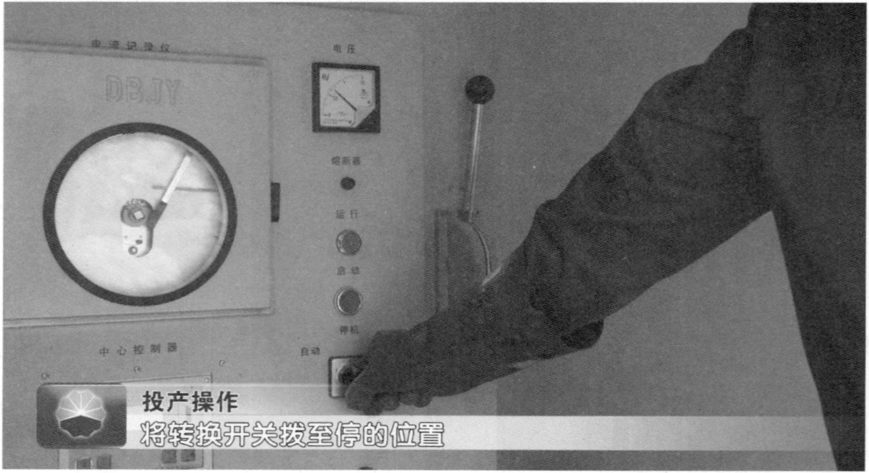

操作步骤

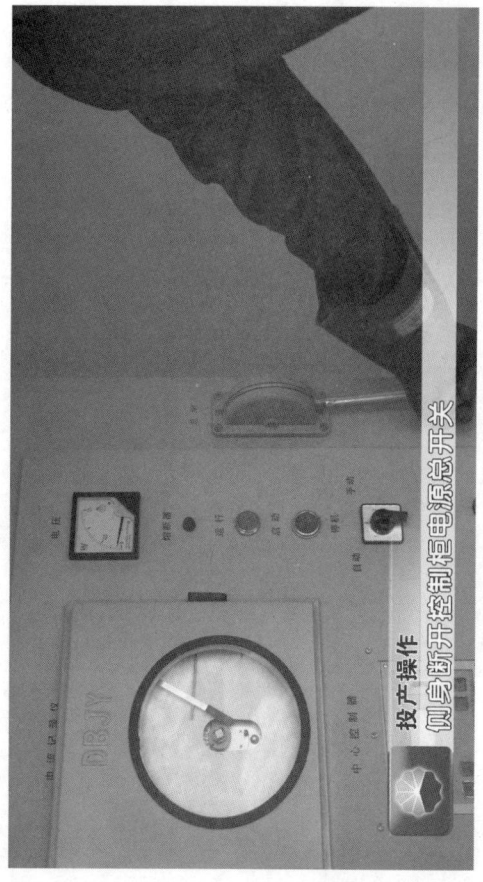

投产操作
刚合断开关定控制箱电源总开关

电动潜油泵井投产操作

(11) 在控制柜处悬挂"禁止合闸"警示牌。

(12) 由专业电工用高压验电器对接线盒进行验电。

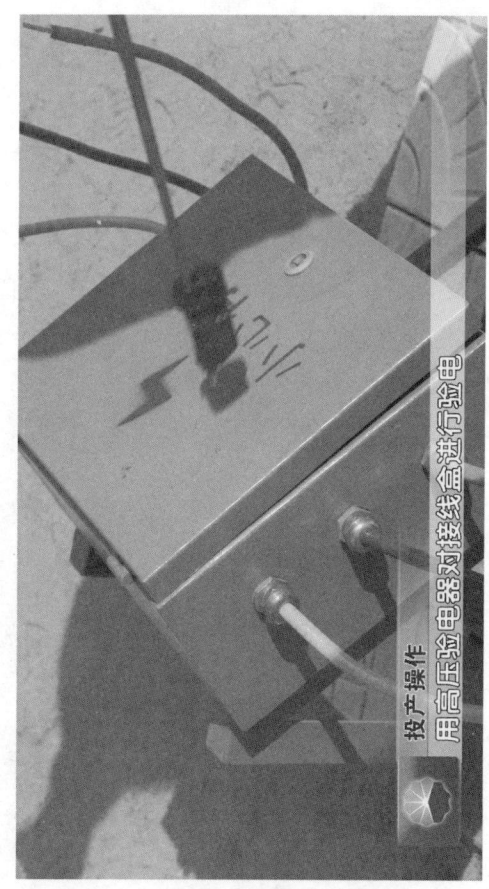

电动潜油泵井投产操作

（13）由专业电工打开接线盒，用高压验电器依次对接线盒内 3 根接线端进行验电，确认无电后，连接三相电缆，要求接线整齐、紧固。

投产操作
用高压验电器依次对接线盒内3根接线端验电

操作步骤

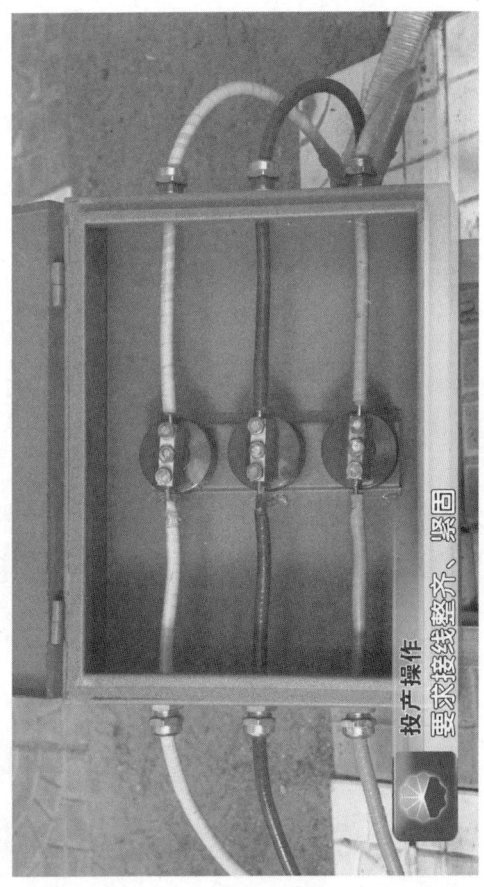

投产操作
要求接线整齐、紧固

电动潜油泵井投产操作

(14) 安装电流卡片。

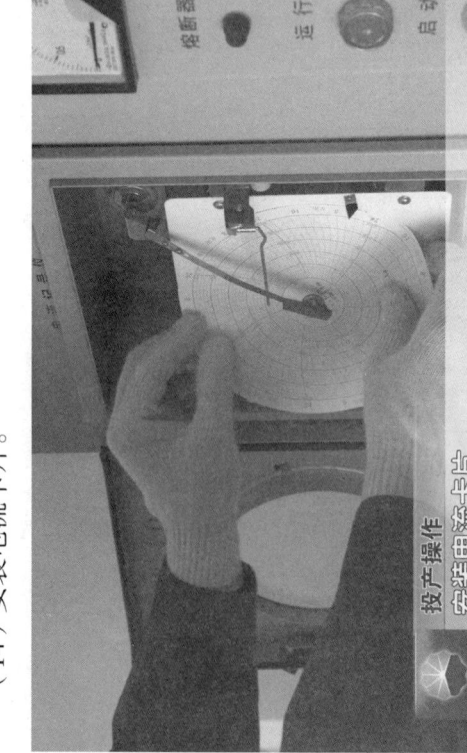

（15）取下"禁止合闸"警示牌，侧身合电源总开关，将控制柜转换开关调至手动位置。

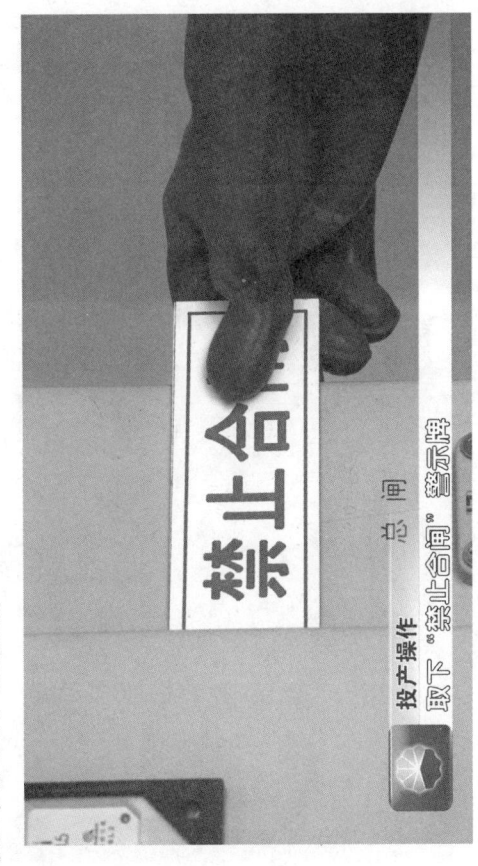

电动潜油泵井投产操作

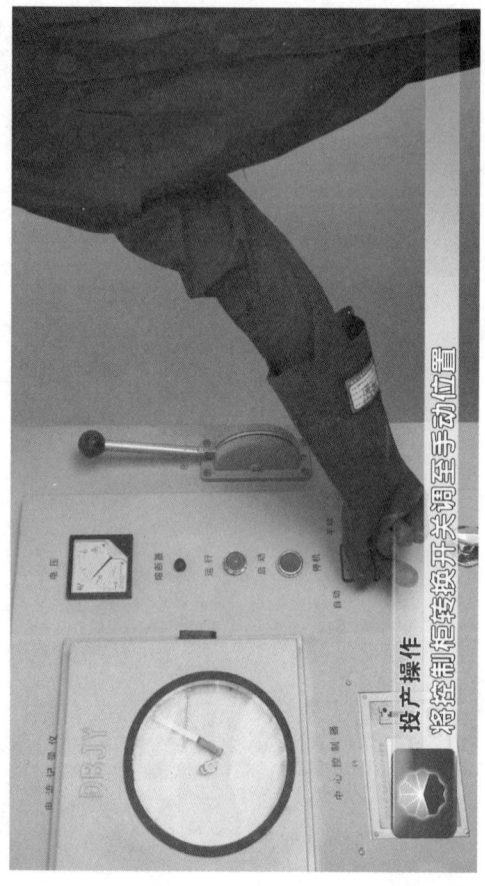

投产操作
将控制柜传输开关调至手动位置

(16) 按下启动按钮。

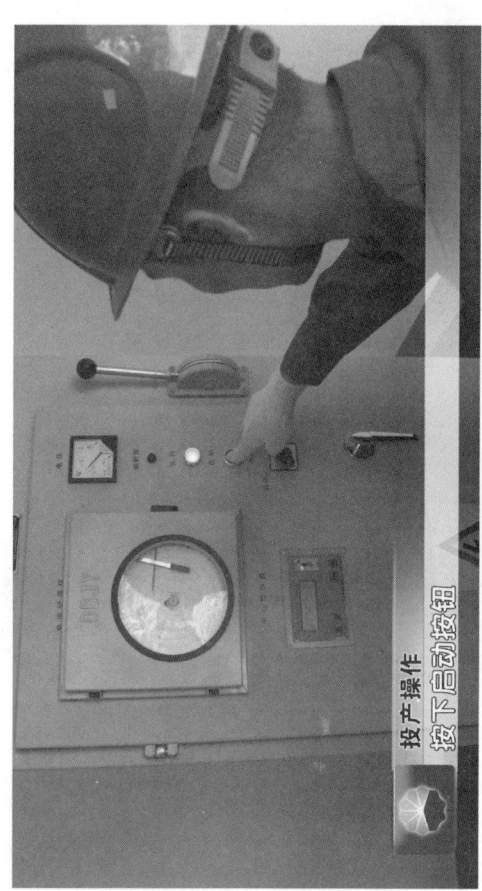

投产操作
按下启动按钮

电动潜油泵井投产操作

（17）到井口观察油压、回压、套压、油井出液情况。

操作步骤

(18) 到控制柜前观察三相运行电流正常后，通知量油工进行量油。

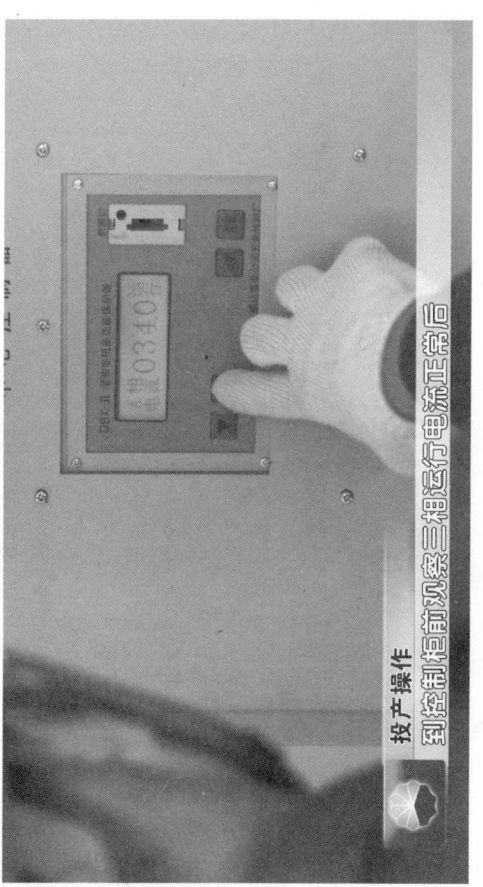

投产操作
到控制柜前观察三相运行电流正常后

(19) 记录该井生产数据,包括油压、回压、套压与三相运行电流。

(20) 待运行电流稳定后调整欠载电流保护值,按三相运行电流最低相的 80% 调整,且不低于潜油电机空载电流。

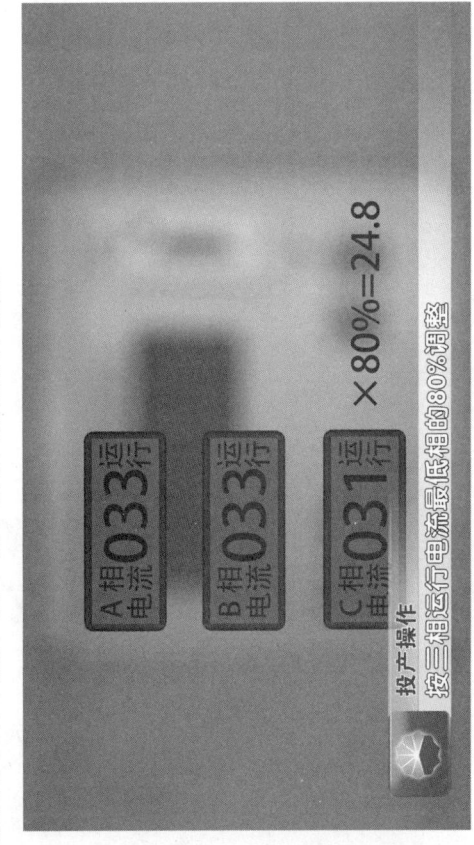

电动潜油泵井投产操作

电阻	AB:1.063Ω	不平衡率:0.188%		
	AB:1.065Ω			
绝缘电阻	>1000MΩ		引线端子	合格
空载试验	试验条件	空载功率	空载转速	潜行时间:3.8s
	V0: 1174.33V f:50Hz	f:50Hz P:7.4kW	f:50Hz n:2990r/min	油品耐压:10kV/2.5mm1min
	运转	空载电流		头部温度:74℃
		Ia:17.7A		
		Ib:17.7A		
		Ic:17.7A		

投产操作

目不低于潜油电机空载线电流

试验员签字: 资料员签字:

(21) 收拾工具,清理现场。

安全风险提示

(1) 开关井口阀门必须侧身操作。

(2) 在控制柜前操作时,必须站在绝缘垫上。

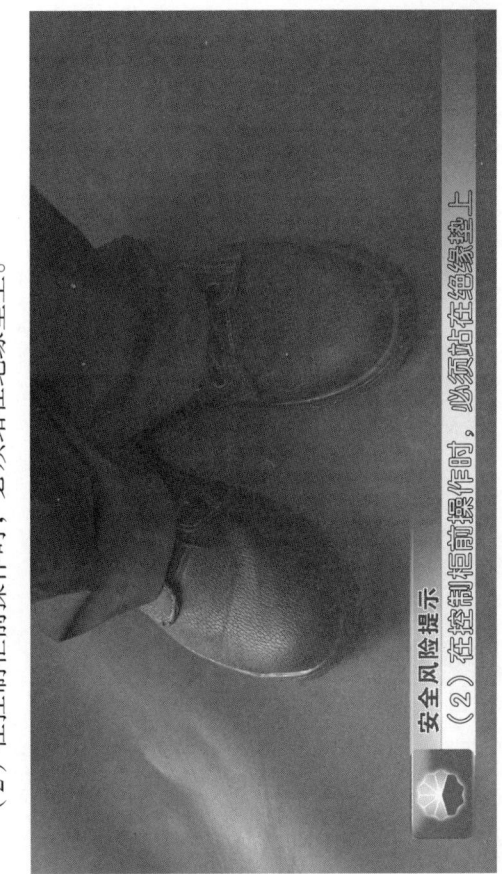

安全风险提示
(2) 在控制柜前操作时,必须站在绝缘垫上

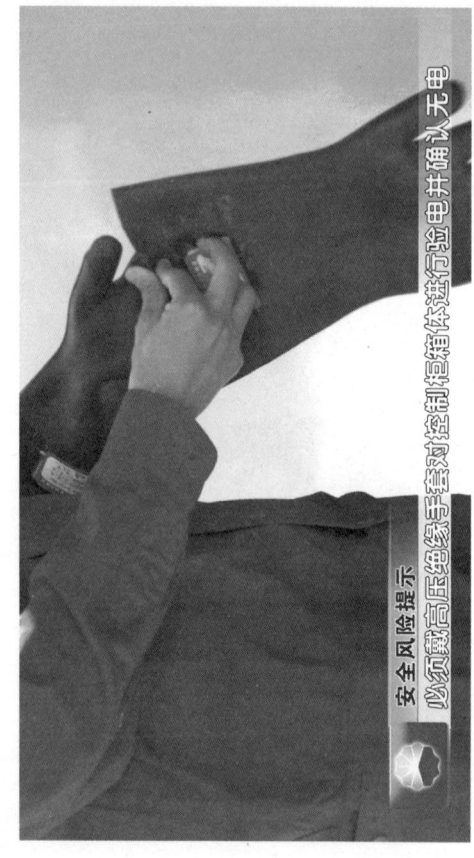

安全风险提示
必须戴高压绝缘手套对控制柜箱体进行验电并确认无电

（3）操作控制柜前，必须戴高压绝缘手套对控制柜箱体进行验电并确认无电，防止发生触电事故，造成人身伤害。

(4) 高压验电器须检验合格,高压绝缘手套须在有效期内。

安全风险提示
(4) 高压验电器须检验合格

电动潜油泵井投产操作

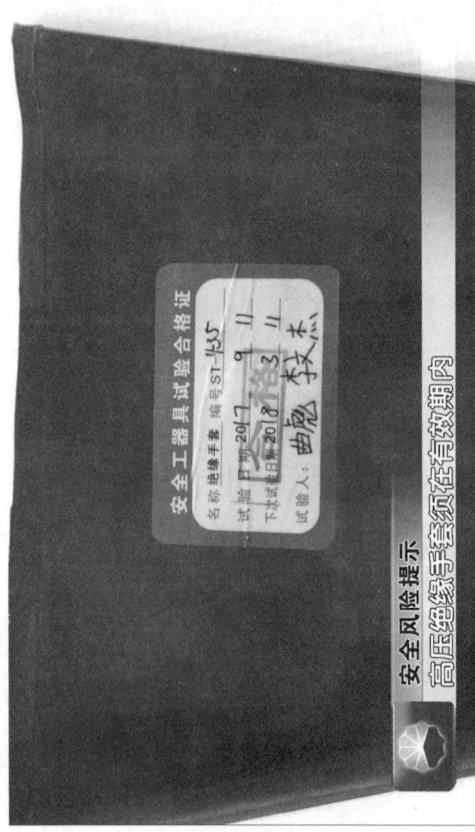

试 题

一、选择题（不限单选）

1. 控制柜进行空载试验时，一般应在（ ）之间有欠载保护动作。

    A. 1~3s B. 3~5s
    C. 5~7s D. 5~10s

2. 电动潜油泵井投产时，待运行电流稳定后调整（ ）。

    A. 工作电压 B. 过载电流保护值
    C. 欠载电流保护值 D. 油嘴

3. 电动潜油泵井投产前，井口（ ）应处于开启状态，防止出现憋压现象。

    A. 总阀门 B. 生产阀门
    C. 回油阀门 D. 生产放空阀门

4. 电动潜油泵井投产时，（ ）稳定后，再进行量油。

A. 油压　　　　　　B. 回压

C. 套压　　　　　　D. 三相运行电流

5. 电动潜油泵井投产时，应用（　）检查井下机组相间及对地绝缘电阻。

A. 万用表　　　　　B. 兆欧表

C. 钳形电流表　　　D. 压力表

二、判断题

1. 电动潜油泵井投产时，对控制柜进行空载试验的目的是检查欠载保护动作是否失灵。（　）

2. 电动潜油泵井投产时，将控制柜转换开关调至自动位置再启动。（　）

3. 电动潜油泵井投产时，待运行电流稳定后，只要按照三相运行电流最低相的80%调整欠载电流保护值即可。（　）

试题参考答案

一、选择题

题号	1	2	3	4	5
答案	D	C	ABC	ABCD	AB

二、判断题

题号	1	2	3
答案	√	×	×

《电动潜油泵井标准化操作》

分册序号	分册书名
1	启动、停止电动潜油泵操作
2	电动潜油泵井巡回检查操作
3	电动潜油泵井油嘴调节操作
4	电动潜油泵井机械清蜡操作
5	电动潜油泵井更换电流卡片操作
6	检查并调整电动潜油泵井过、欠载电流保护值操作
7	电动潜油泵井井口热洗操作
8	电动潜油泵井更换压力表操作
9	电动潜油泵井投产操作